NF文庫
ノンフィクション

日本軍隊用語集
〈上〉

寺田近雄

潮書房光人新社

はじめに

「大日本帝国陸海軍」は戊辰戦争の余燼収まらぬ明治二（一八六九）年に若々しく誕生し、昭和二〇（一九四五）年、敗戦にともなう全面的武装解除で消滅した。その間七十余年、明治・大正・昭和の三世代にわたり、おそらく一千万人にのぼる軍隊経験者たちによって「軍隊用語」は使われていた。戦後もしばらくの間は辞書や字典のなかに編者の手によってひっそりと残されてきたが、それも改訂版発行のたびにポツリポツリと消え去っていき、使われない言葉、つまり死語となっていった。本書は、今や国語辞典や百科事典などを調べても載ってはいない「軍隊用語」を拾い集めて後世に伝えるための用語集である。軍事ファンならば、戦記・軍記を読むときにはぜひ本書を座右に置いて、活用・堪能してもらいたい。

著　者

凡例

・各章の項目は，五〇音順に排列してある。
・各項目末尾の表示について。
（陸）＝陸軍、（海）＝海軍、（共）＝陸海軍共通、（民）＝民間。
（↓）＝関連項目。数字は章番号、「下」は下巻の掲載を示す。
・参考文献は下巻にまとめて掲載する。

日本軍隊用語集〈上〉——目次

1 組織・制度 —— 13

2 兵科・部隊 97

3　戦闘

4 教育

〈下巻目次〉

日本軍隊用語集〈上〉

1. 組織・制度

赤紙（共）
赤煉瓦（共）
帷幄（共）
一年志願兵（陸）
衛戍監獄（共）
戒厳令（共）
偕行社・水交社（共）
学徒出陣（共）
閣下（共）
観兵式（陸）
軍機（共）
軍属（共）
軍票（共）
元帥（共）
皇軍（陸）
伍長（共）
在郷軍人（共）
参謀（共）
師管（陸）
侍従武官（共）
従軍記者（共）
将校（共）
大尉（共）
大将（共）
大東亜戦争（共・民）
大本営（共）
鎮守府（海）
鎮台（陸）
通称号（陸）
停年（陸）
動員（共）
当番兵・従兵（共）
特年兵（海）
読法（陸）
特務機関（陸）
特務士官（海）
武官（共）
陸軍始め（陸）
旅団（陸）
連隊区（陸）
露探・独探（民）

赤紙【あかがみ】

個人の意志に関係なく兵役を国民の義務とする**徴兵制**は、今では時代遅れの奴隷制度のようにみえるが、一九世紀から二〇世紀にかけての先進国はすべて徴兵制をしいていたので明治の軍隊も自然にそれに習った。選挙・納税とともに**兵役**は国民の三大権利・義務であったが（旧憲法では権利・義務を一体とする）、朝鮮・台湾・樺太などの人たちはその権利・義務もなく兵隊にとられずにすんだ（昭和の中頃までは）から皮肉である。

徴兵制度の利点は、まず国民の全男子を対象とするから大量動員が可能だ。次に職業・階級に関係なく公平に有能な人材を選べる。なによりもまず人件費が安く国の負担が少なくてすむなど、人集めに苦労している現在の自衛隊とは違う。

その徴兵の仕組みを簡単にいうと、すべての日本男子は満二〇歳になると、本籍地で**徴兵検査**を受ける。簡単な口頭試問と厳重な身体検査で頑健な順に**甲種**と**第一～第三乙種**、**丙種**などに分けられて合格だが、身長不足や精神障害、身体障害者は**丁種**で不合格となる。平時ではそんなに兵隊はいらないから、この**甲種合格**の中から抽選で選ばれたものが翌年、**現役**の**初年兵**として入隊し**陸軍二年**、**海軍三年**の義務期間を勤める。ほとんど独身者だが、つらい兵役には誰も行きたがらず、表面では甲種合格を祝い、夜になると八幡さまへ「くじ逃れ」の願かけに通ったりした。

幸運な者は**補充兵**として自宅で待機し、兵役を終えた現役兵も除隊後**予備役**として満四〇歳になるまでこの義務から逃れられない。

しかし、ひとたび戦争が突発すると兵隊を増やす**動員**がかかり、この予備役・補充兵たちに呼び出しがかかる。このときに役場の兵事係が自転車に乗って配って歩く呼出状が**赤紙**である。

正式には「**臨時（充員）召集令状**」であり**召集令状**とも呼ばれたが、実際は赤色ではなくピンク色であった。この紙きれ一枚で一家の生活体系は根底からひっくり返り、ときには生命まで失うので赤紙のやってこないことを神仏に祈り、きたからには生きて帰国できることを心から祈った。

赤紙には「右臨時召集ヲ命セラル　依テ左記日時到着地ニ参着シ此ノ令状ヲ以テ当該召集事務所ニ届出ヅベシ」と印刷され、日時・場所・部隊名がペン書きされてある。入隊者は晴れ着に着替え、この令状を持って家族や近所の者に見送られて出て行くわけだが、それが一生の見納めとなることもしばしばだった。

赤紙をもらったとたん行方不明となる者も時にはいたが、警察と憲兵が日本国中を草の根をわけても探し出し、逃げおおせることは少なかった。

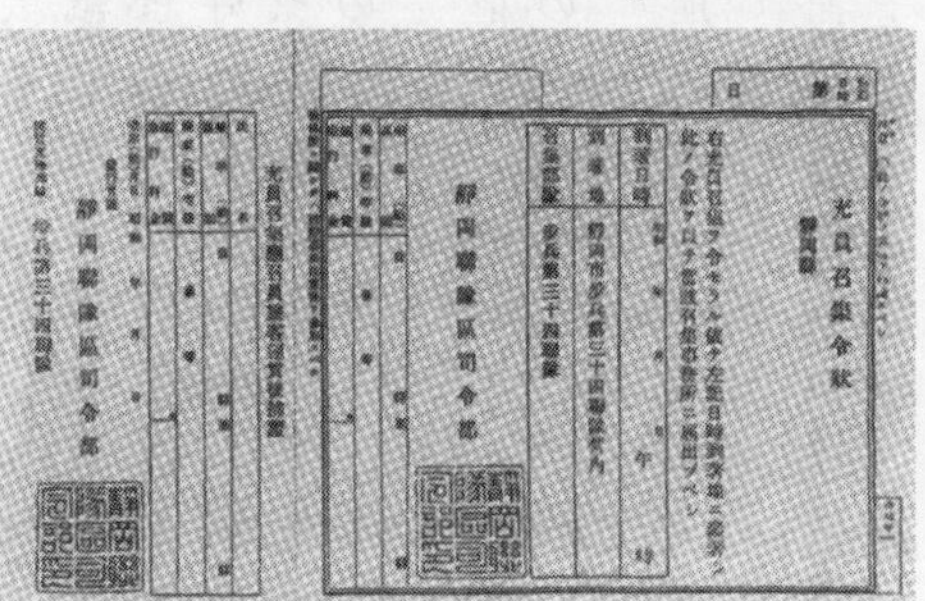
充員召集令状

静岡聯隊区司令部

静岡連隊区から出された「赤紙」（充員召集令状）

赤紙は召集令状の代名詞にもなっていたが、実は在郷軍人に演習させる演習召集、教育だけの教育召集、一時帰宅の兵を集める帰休召集などは「**白紙**」であり、国土を守る防衛待機召集は「**青紙**」と呼ばれ、それぞれの色の紙であったことは、あまり知られていない。

当時、郵便ハガキ代は一銭五厘（せんりん）であったため、ハガキで呼び出しがあったような通説もあるが、赤紙はあくまでも役場の兵事係の手によって本人や家族に手渡され受領印をもらう厳格なものであった。したがってこれは、役場か留守宅からの〝赤紙が来た〟という通知状であり、召集令状のことではない。

騎兵隊や砲兵隊で軍馬の重要さを教育する下士官が「お前らは一銭五厘でいくらでも集められるが、お馬さまはそうはいかねえ」とハッパをかけるのもここから出ている。（共）

赤煉瓦【あかれんが】　鉄筋コンクリートがまだ未発達の明治時代には、洋風の建築物の大部分は赤い煉瓦を積み重ねて建造された。

官庁も学校も監獄もそうで、三宅坂（みやけざか）の**参謀本部**（現憲政記念館付近）、その隣りに**陸軍省**、霞ヶ関の**海軍省**、**軍令部**（ぐんれいぶ）（現厚生労働省付近）もかつては堂々たる赤煉瓦造りであった。

したがって〝赤煉瓦〟は両省と軍令機関の建物や所在地、さらにはそこに勤務する軍人たちの代名詞でもあった。ちょうどアメリカの中央官庁が集中する「ワシントン」がそれで、「ワシントンの命令」でとか、「ワシントンの許可がないと」というのと同じく、権力・権威の象徴語でもあった。

軍人として出世するには一生懸命勉強して赤煉瓦勤務になることが夢であり、ここに赤煉瓦への憧れ、現場への蔑視、それへの反発といったさまざまのコンプレックスも生まれてくる。

陸軍省が市ヶ谷台（現防衛省）に移り、他の建物も東京空襲で崩壊したなかで、元海軍省の煉瓦造りは生き残り、赤煉瓦の代名詞を一身に引き受けていた。

戦後も長い間、法務省として役立っていたが、一世紀の風雪に耐えきれず、ついに姿を消した。そしてその跡に一個の記念碑だけが海軍の全盛時代を物語っている。（共）

帷幄【いあく】　帷は、とばり・たれぎぬ・引き幕、四方に引きまわした幕のこと。幄も同じように、とばり・たれぎぬの他、布を板に張って囲いをめぐらし仮屋（かりや）とすることで、この字になる。帷幄と重なると、周囲に幕を張りめぐらし旗や幟（のぼり）を立てた戦場での陣営となり「帷幕」とも書く。今でも自衛隊が陸上幕僚（ばくりょう）監部や幕僚長に使

赤煉瓦造りの海軍省。山本五十六元帥国葬時の撮影

っている幕もここからきている。

わが国では、戦場で作戦計画を立てる「本陣」「陣営」「本営」となって武者絵巻や歌舞伎の舞台、時代劇のスクリーンに派手やかに登場する。

もともと中国漢書の『高帝紀』に出てくるような時代がかった言葉だが、日本軍では正式に最高司令部を指す用語としてとりあげた。軍の作戦を練る機関としては陸軍には第一線の**連隊本部**にはじまり、**師団司令部**、**軍司令部**などをへて**参謀本部**まで、海軍には**艦隊司令部**、**連合艦隊司令部**などから**軍令部**に至るラインがあり、戦時には参謀本部と軍令部が一体となって**大本営**となる。

帷幄の対象になるのはこの統帥・軍令機関としての大本営・参謀本部・軍令部で、ときには軍政面の**陸軍省**・**海軍省**もふくまれる。大本営の参謀となって作戦会議に加わると「帷幄に参ずる」「帷幄に列する」といった慣用句となる。

日本陸海軍特有の熟語で他の政府機関にはない熟語に「**帷幄上奏**（いあくじょうそう）」という言葉が存在した。明治憲法第十一条で「**天皇**ハ陸海軍ヲ統帥ス」と定めたように、日本軍の最高司令官は天皇であり、軍隊の作戦と運用には政府の介入をいっさい許さない仕組み、つまり〝**統帥権の独立**〟があった。第二次世界大戦でルーズベルト米大統領やチャーチル英首相がどんどん作戦会議に顔を出して作戦指導をしたのとはまるきり違っている。

参謀総長や**軍令部総長**や陸海軍大臣を含めての各大臣は総理大臣から任命されたわけではなく、天皇直接任命の**親補職**（しんぽしょく）だったから作戦の決裁や報告は政府をバイパスして直接天皇に、ということになり、これが帷幄上奏となる。

作戦が順調に進んでいるうちは、この天皇直結システムは決裁が早く臨機応変に機能してプラスになる。天皇の最高指揮権は結局は形式的なもので、上奏された作戦案はそのまま決裁されて玉璽（ぎょくじ）（天皇の印）をいただくのが通例であり、天皇のできることは質問をしたり不満を表わす程度であった。作戦がつまずいてきたり、平時でも軍政担当の陸海軍大臣がこの帷幄上奏をすることでトラブルが起きることがある。

大正元（一九一二）年に当時の上原陸軍大臣が、総理大臣にも海軍大臣にも相談せずに二個師団の増設案を天皇に帷幄上奏し、それが問題となるとこれまた首相にではなく天皇に直接辞表を出して大紛糾をまき起こした。

大戦中にもアメリカ軍がガダルカナル島に反攻上陸をしたとき、この方面担当の軍令部総長が帷幄上奏の報告を天皇にだけして政府・大臣が知ったのはずっと後のこととなり、戦況認識にズレが生まれた。

統帥権と合わせて帷幄上奏は日本軍の特殊性であり、やがてウイークポイントになってくる。（共）　　　　　　　　　　　　　　（↓大本営1）

一年志願兵【いちねんしがんへい】　　きびしい階級性や前近代的な制度、あるいは陰湿な私的制裁の締めつけなどから、日本の軍隊にはデモクラシーはなかったと思われているが、軍隊ほど民主的なところはなかったと回想する経験者もいる。

金持ちのおぼっちゃまも貧乏人の息子も星一つの二等兵で軍隊に入れば同じ麦飯を食べ、殴られるのもみないっしょ、親の肩書きや金の力がものをいう世間にくらべてなんと民主的であったか、という回想である。

しかし、これは入隊してからあとのことで、親の威光で兵役のがれをした青年もたくさんいた。なるほど帝国憲法の第二十条には「日本臣民ハ法律ノ定ムル所ニ従ヒ兵役ノ義務ヲ有ス」とあり、皇族男子などは率先して軍籍に身を投じたが、特例的に皇族宿舎に住みお付き武官つきの特別待遇であった。明治のはじめ、徴兵制度ができたころは政府に金がなく、国に納金をすれば徴兵免除となる制度もあったが、さすがに間もなく廃止された。それから後は法の網をくぐり、ときには制度を利用して抜け道を探し、実力者の親たちは伝手（つて）をたよって息子たちを徴兵検査で不合格にしたり徴兵猶予にしたりする。なかでも多かったのは、金を積んで大学に籍を置き徴兵のがれをする手で、軍制史家の松下芳男氏によると東京の某大学にはこんな幽霊学生が定員の何倍もいたという。

学歴重視は今も昔も同じことで、とくに昔は学生に甘いところがあった。**一年志願兵**の制度もその表われで、原則は**陸軍二年**、**海軍三年**の兵役年限が官立中学校または文部大臣の認めた私立専門学校を卒業した者は、**在営一年で現役を終わる**特典があるという制度である。多くが小学校卒や高等小学校卒の時代で、中学や専門学校に行けるのはやはり恵まれた家庭の息子でここでは帝国憲法も完全に公平ではなかったようだ。

この他にも小学校の教師は一年間の現役ですむ「一年現役兵」制度があったが、これは二年も三年も教壇を留守しては子供の教育に穴があくからであろう。

やがて日本は満州事変から日中戦争に突入することになって昭和二（一九二七）年、これらの制度は幹部候補生制度にとって替わり、たのみの大学生の徴兵猶予も昭和一八（一九四三）年の「**学徒出陣**」でご破算となり**国民皆兵**となっていく。（陸）

衛戍監獄【えいじゅかんごく】　衛戍とは「軍隊が永く一つの土地に駐屯する」ことで、転じて「軍隊の」という意味。多くの貴重な歴史的建築物が遺されている愛知県犬山市の博物館明治村に「前橋監獄雑居房」という木造建築物がある。

骨太の頑丈な柱、中からは外が見えない暗い羽目板、あちこちの鉄格子は陰惨な雰囲気をかもしだして、まさに監獄のイメージにふさわしい。

刑の言い渡しを受けた者や拘留された被疑者・被告人などを収容する牢屋の後身が監獄だが、恐ろしい空間の代名詞のようなものになっていた。監獄が刑務所に代わって、もう「そんなに悪いことばかりしていれば、末は監獄行きだぞ」と叱る親もいなくなり、この言葉もはるか昔に死語となったと思いきや、法律の分野ではいぜんとして使われていた。

明治四一（一九〇八）年に制定された「監獄法」は、最近まで残っていたが平成一九年に廃止された。

たくさんの人間が集団生活をする軍隊のなかにも、もちろん一般刑法や軍刑法を冒（おか）す犯罪者はおり、軽い罪は兵営内の**営倉**に入れられるが、重い罪、累（るい）犯者などは軍事裁判をへて陸海軍の衛戍監獄で罪に服する。

大正七年発行版の兵語辞典には「陸軍軍人にして刑法上の罪人となり、獄につながるる者が錮（こ）せらるる牢屋、各師団司令部にあり」とあり、海軍は横須賀・呉・佐世保・舞鶴などの**鎮守府**に設けられている。これらの軍監獄の内容は二つに分かれて、徴役監・禁錮監のある刑務所と、拘留場・拘置監のある**拘禁所**から成り立っている。拘禁所は今の未決囚や容疑者を収容する拘置所になる。

東京の陸軍衛戍監獄は渋谷の代々木練兵場の北側の一角に、高い赤煉瓦に囲まれていかめしく建っていた。戦時中に東条首相から反戦工作でにらまれた吉田茂元首相が入っていたことでも知られているが、より有名なのは「**二・二六事件**」の首謀者たちがここで処刑されたことである。昭和一一（一九三六）年の二月の大雪の日、陸軍部隊の決起で始まった大規模な**クーデター**は、わずか三日後に鎮圧され計画を指揮した将校・下士官・右翼思想家たちはこの獄につながれた。一審制、弁護士なしのきびしい**軍法会議**で、そのなかの一七名が赤煉瓦を背に杭（くい）に縛りつけられてここで銃殺された。

純粋に国を愛するあまりの青年将校たちの決起が、昭和天皇の怒りで反乱とされ国賊として処刑されることから、なかには「陛下、恨みます」の一言を残して死んだ将校もあったという。

戦争末期には、ここも焼夷弾の雨を浴び焼け野原となった。そのとき、収監されていたB29のパイロットらアメリカの捕虜を釈放せず焼死させてしまったため、戦後責任者や看守などから戦争犯罪人を出している。

いま、東京陸軍衛戍監獄のあとは渋谷税務署となり税金のシーズンには人の出入りが多いが、その一隅に監獄時代の赤煉瓦を背に二・二六事件の殉難者慰霊の観音像が建てられている。

銃殺された青年将校たちの怨念を慰めるために関係者有志や遺族たちの手によるものだが、事件後七十年以上たった現在でも観音像への香華と献花は絶えることがない。（共）

（↓衛戍下7・教化隊4）

戒厳令【かいげんれい】 戒厳は軍隊が厳しく警戒すること。戦争がさし迫ってきたり、内乱や大暴動・大地震・大火災が起こって治安が警察の手におえなくなると戒厳令が発せられて軍隊が出動する。

明治二二（一八八九）年に制定された大日本帝国憲法の第十四条には、「天皇ハ戒厳ヲ宣告ス　戒厳ノ要件及ビ効力ハ法律ヲ以テ之ヲ定ム」とあり、天皇の大権の一つである。

実はすでに明治一五（一八八二）年太政官公布の戒厳令があり、その内容は今の日本人には信じられないほど厳しい。まず法律が一時ストップし、行政・司法の全部もしくは一部が治安が回復するまで軍の手にゆだねられる。集会や出版物も停止となり、夜間の外出は禁止、民間の物品は検査され輸出は禁止、銃砲弾薬は押収、郵便物は開封検閲をうけ、交通は停止する。

必要とあれば民有の建物・土地も破壊でき、個人の家の立ち入り検査や退去命令も出せる。治安の回復を最優先に、市民の人権や生活のいっさいに影響をあたえる国家緊急権の大発動となる。

わが国でこの戒厳令が実施されたのは少ない数ではない。戦時下、明治二七（一八九四）年の**日清戦争**では広島・宇品に、明治三七（一九〇四）年の**日露戦争**では長崎・佐世保・函館・対馬・台湾などに**臨戦戒厳令**が出され、平和な時代でも明治三八（一九〇五）年の日露講和反対の**日比谷焼き打ち事件**、大正一二（一九二三）年の関東大震災、昭和一一（一九三六）年の「**二・二六事件**」で戒厳令が発動されて、都合一〇回となる。

戦後の新憲法では戒厳令条項はいっさいなく、治安が乱れたときにはまず都道府県知事の要請によって警察の機動隊が出動し、それがエスカレートした場合には総理大臣の命令で自衛隊が**治安出動**をする。

自衛隊の創設以来、治安出動がかけられたことが一度もないのは国民にとって幸せなことだが、出動したあと何の権限によって何をするのかの〝戒厳ノ要件及ビ効力〟についてはまったく法制化されていない。かつてこの点をついて有事立法の問題提起した自衛隊の統幕議長は〝危険思想の持ち主〟として、あえなく退任させられた。

新憲法に関係ない外国にはほとんどの国に戒厳令法があり、しばしば戒厳令下の映像が見

られる。そのなかにはお隣りの中国・韓国・台湾もふくまれており、遠い世界のことではない。(共)(↓衛戍下7)

偕行社・水交社【かいこうしゃ・すいこうしゃ】

陸軍の偕行社は、鹿児島で西南戦争が勃発する直前の明治一〇(一八七七)年二月に東京九段の招魂社(しょうこんしゃ)の近くにつくられた。招魂社はいまの靖国神社の前身で、偕行社の建物の跡は東京理科大学九段校舎に変わっている。

この時の設立趣意書には、

「偕行社ハ帝国陸軍将校同相当官(軍医・経理など)ノ団結ヲ強固ニシ、親睦ヲアツウシ、学術ノ研鑽ヲ為スト共ニ、社員ノ義助及ビ軍ト軍属ノ便宜ヲハカルヲ以テ目的トシ」

とあるが、簡単にいえば「社員」(現在の会社の社員という意味ではない)というメンバー制の将校集会所、あるいは将校クラブといえよう。

西洋の社交クラブにならったものだが、一説にはこのころ、陸軍の兵制がフランス式からプロシア式に急転回したため「月曜会」などの不満分子が生まれて主流派との間に溝が生じてきたので、将校の思想統一と団結をはかることを目的に陸軍省の指導で設けられた機関だといわれている。

事業の内容には講演会や集会の開催、機関誌『偕行社記事』の発行、図書室の設置、社員の葬祭の援助、結婚・宿泊・宴会などの会場の利用から社員住宅の建設までと手広い。なかには軍装用品と生活必需品を供給する売店まであり、予備役の将校に突然召集令がかかって、あわてて九段の偕行社に飛んでゆき〝軍服・軍刀から褌（ふんどし）まで一切合切（いっさいがっさい）買って間に合わせた〟人も多い。はじめは東京だけだったが、やがて全国の師団司令部や連隊のある衛戍地（えいじゅち）に設けられ、青年将校が結婚式を挙げたり、礼服を注文したり便利に利用された。

偕行の名の由来は、『詩経』の無衣の篇の第三章「豈曰無衣　与子同裳　王于興師　修我甲兵　与子偕行」のなかの「偕（とも）に行かん」（共に生きていこう）を引用したもので、名づけ親は明治の思想家・西周（にしあまね）となっている。

海軍の水交社は陸軍より一年前の明治九（一八七六）年に設立された。万事イギリス海軍を手本に巣立った日本海軍にとっては、クラブの本場からの直輸入でスンナリといったのだろう。

はじめ東京・芝に東京水交社がつくられ、つづいて陸軍と同じように各鎮守府や要港部に拡大されていく。事業内容も偕行社と同じく社交と相互扶助が主だったが、偕行社が陸軍将校と担当官に絞ったのにくらべて、幅広く海軍士官・海軍高等文官・海軍士官候補生の全員を社員にしている。

水交の名称は『礼記』の荘子山木の章のなかからの語「君子之交　淡如水」から出ている。当然、海上勤務者の交友の意味もかけ合わせた成句である。終戦にともなってこの両クラブも軍と運命をともにしたが、占領時代が終わるとまもなく旧軍人の有志の手によって復活した。

偕行社は昭和二七（一九五二）年、はじめ偕行会の名でスタートし、やがて偕行社の旧名に戻り、陸軍軍人には由緒深い旧陸軍士官学校・陸軍省・靖国神社に近い東京市ヶ谷に居を構えた。

水交社も遅れて昭和二九（一九五四）年、東京原宿の東郷神社の境内に旗上げをしたが、このほうは水交会の名前に変わっている。機関誌の『偕行』『水交』の記事は旧軍将校・士官の手で書かれる回顧談や研究発表であるため、歴史の研究資料として貴重な内容のものが多い。しかし、旧軍が復活しないままに会員も老齢化したので、戦後の偕行社は旧軍の元将校、最近になって陸空自衛隊の元幹部も入会できるようになった。水交会は旧海軍に籍を置いた人、海上自衛隊のOBや現職自衛官、それら関係者などが入会できる。

敗戦とともに陸海軍の土地や建物は大蔵省の手に移されて、そのほとんどは時代の波にもまれながら姿を消していった。偕行・水交両社の建物も例外ではないが、往時のままの偕行社の建物がひとつ北海道の旭川市に残されている。

これは明治三五（一九〇二）年、陸軍第七師団の偕行社として建てられた木造二階建て一四〇四平方メートルの明治期

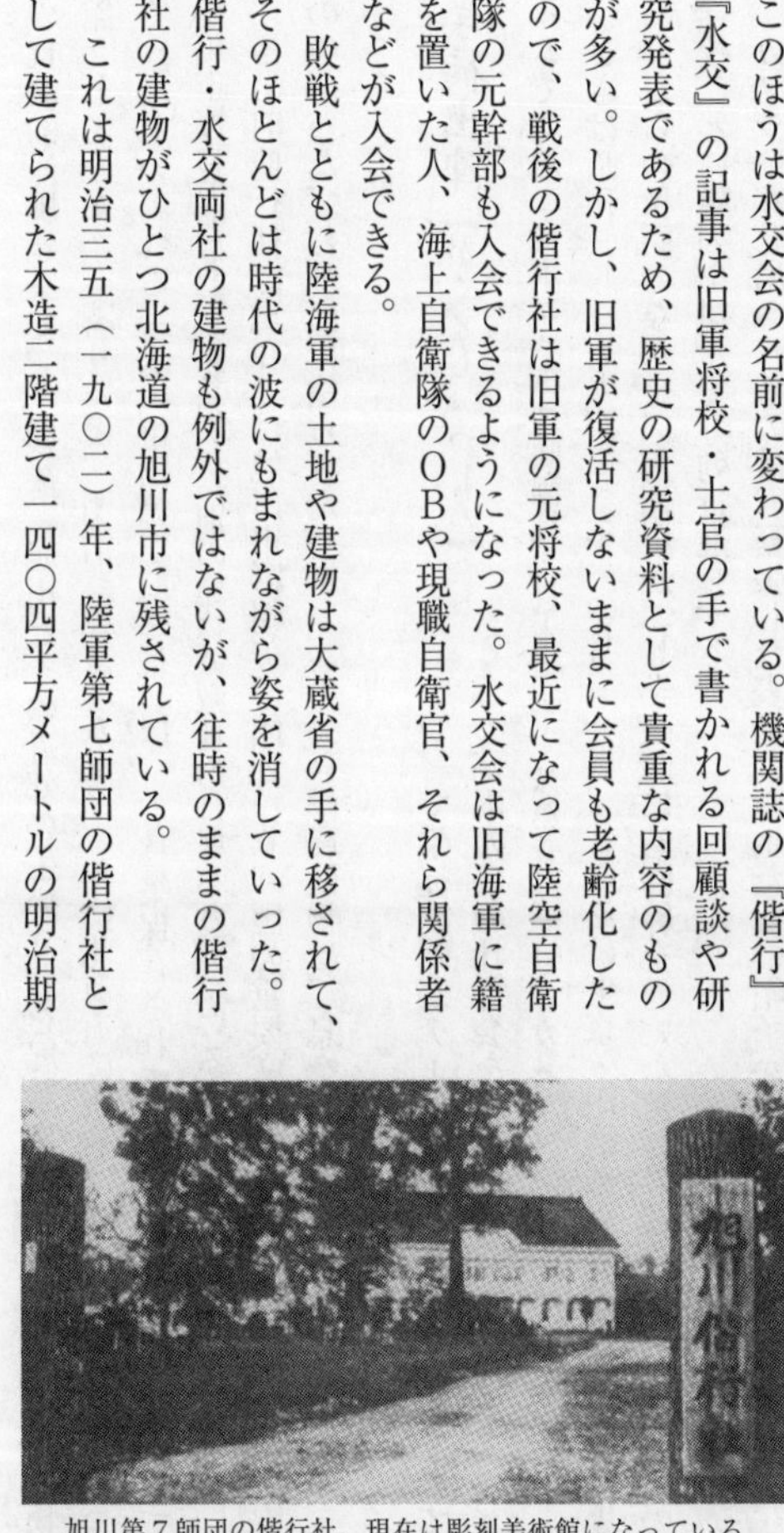

旭川第７師団の偕行社。現在は彫刻美術館になっている

の代表的洋風建築で、その後、旭川とその近郊の生い立ちを展示する「市立旭川郷土博物館」と名を変え、隣りには、明治二三（一八九〇）年に北海道に流刑になった囚人たちがつくったといわれる「永山屯田第三三一番兵屋（へいおく）」も移築保存されていた（現在では、移転して旭川市博物館と名称が変わった別の建物の敷地内に展示されている）。

この旧偕行社は現在では旭川市彫刻美術館となり、国の重要文化財に指定されている。雪の中にたたずむ純白に塗られたバルコニーつき洋風建物は、息をのむほど美しい。（共）

学徒出陣【がくとしゅつじん】

テレビで学徒出陣がテーマになると、きまって出てくるのが雨の日の壮行会を写した当時のニュースフィルムである（日本ニュース映画社・日本ニュース第一七七号、カメラマン牧島貞一ほか）。

ときは昭和一八（一九四三）年一〇月二一日、ところは東京・明治神宮外苑の陸上競技場。おりからの秋雨のなかを、角帽をかぶり学生服に巻脚絆（まききやはん）を巻いた数万の召集学生が、七七の学校ごとに隊列を組んで分列行進をする。

カメラに写し出されるのは、緊張した表情の学生たちの帽子から足元までのパンダウン、美辞麗句いっぱいのかん高い東条英機首相の訓示、観客席で雨に打たれながら熱狂的に手を振る見送りの六万五千人の後輩たち、水溜（たま）りに映る学生たちの顔、顔、顔……、行進でとび散る水しぶき、壮大なマス（群衆）シーンが痛切な悲愴感をただよわせる。

このあと戦いが敗北に終わり、このなかの多くが戦死して帰れなかったことを知っている視聴者には葬式の儀式にも思え、遺族にとってはその行進が勇ましいだけに涙を誘う遺影のフィルムである。

ポーズをとった東条首相の「諸君が悠久の大義に生きる唯一の道」といった大演説も、「まことに国を挙げて敵を撃つ決戦の秋、大君に召されて戦いの庭に出で征つ若人の力と意気はここに結集し、送る国民の赤誠、またここに万斛の涙となって奔ったのである」と書かれた夕刊の記事も空々しく聞こえる。

同社に勤めた土屋斉氏も「しかもあの日は雨でした。もしもあれが晴天だったら悲愴感は勇壮感にかわり、戦意昂揚にしか役立たなかったでしょう。私はね、あの雨こそが天の配剤だと思ってるんです」と述懐している（毎日新聞社・別冊『一億人の昭和史』日本ニュース映画史）。

いまは中学生も高校生も学生と呼んでいるが、昔は「学生」といえば大学生と高等専門学校生のことで、初等専門学校以下は「生徒」とはっきりした相場があった。この学生と生徒を合わせて「学徒」、在学中に満二〇歳の徴兵年齢に達した大学生と専門学校生の大量召集が学徒出陣となる。

国家の非常時に若い学生が戦争に参加する

神宮競技場での出陣学徒壮行会

のは当然のことで、戦争馴れした欧米各国では早くから学生を戦力に投入する制度は整っていた。学校で軍事教育のコースをとっていれば、短期の専門教育をほどこしてすぐ下級幹部に採用する。アメリカのケネディ大統領もブッシュ大統領もこのコースのアマチュア士官だった。これに対して、明治以来、学生を未来の国の中核とみて戦いの外に温存する方針をとっていた日本は、その制度化に一歩遅れていた。

それまで学生には在学徴集延期措置がとられ、文部省認可の学校に限られてはいるが、在学中ならば満二六歳まで兵隊に行かなくてもよいという特権で守られていた。裏返せば、授業にも試験にも出ず二六歳まで留年をつづけていれば、そのうちに戦争も終わるだろうという横着者も出てくる。

しかし、日中戦争から太平洋戦争へと戦いは泥沼化し、幹部とくに下級将校の消耗は激しく深刻な問題となってきた。このため、軍は学校の卒業の繰り上げを重ねて対応してきたがそれも及ばず、ついに東条内閣は昭和一八年九月に定めた「国内態勢強化方策」にもとづいて、学生の**徴兵延期臨時特例**を公布し、満二〇歳以上の文科系の在学生に召集令状を出した。ふつうの召集ならあり得ない盛大な合同壮行会を催したところにも軍当局の期待が見られる。東条首相はこの特例を出す数日前に、突然、早稲田大学を視察しているが、学生の現状を目で確かめておきたかったのだろう。雨の壮行会の二か月後、陸軍の学徒兵は一二月一日、それぞれ本籍の部隊へ入営し、海軍の学徒兵は遅れて一二月一〇日に、それぞれの海兵団に入団する。

もともとが下級幹部の補充のためだから、短い初年兵期間のあと、陸軍兵は**幹部候補生**から兵科将校や航空科の**特別操縦見習士官**となり、海軍は兵科・航空科の**予備学生**から**予備士官**となっていった。つづいて第二陣、第三陣と召集がかかり、その数合わせて二十数万人といわれるが、それぞれ原隊の兵籍のなかに埋没して学籍簿には残らず、正確な学徒兵の人数も戦没学生の数も判明していない。

特別操縦見習士官で陸軍航空、**飛行科予備学生**で海軍航空に進んだ学生の多くは**特攻隊員**となって戦死し、そのなかでも雨の神宮外苑で元気よく行進した第一回の学徒、大正一〇（一九二一）年から一二年生まれが最も戦死率が高いという。

戦後、この学徒出陣で戦場に向かい、非運にも戦死した学生たちの手記や遺書を集めて何点かが出版された。昭和のはじめ、第一次世界大戦で戦死したドイツ学徒兵の手記『**戦没学生の手記**』が岩波書店から出版され、大いに読まれたことがある。祖国への愛国心と学生としての良心の相克に悩む若い青年たちの遺書は、軍部から反戦出版物とにらまれながらベストセラーになった。

終戦後の昭和二二（一九四七）年、これにならって東京大学から東大戦没学生の手記『**はるかなる山河に**』が出版され、つづいて全国戦没学生の手記『**きけわだつみの声**』、航空隊で戦没した学生の『**雲流るるはてに**』などが次つぎと出されて一種のブームとなった。

この時は、終戦直後の占領下でもあり、反戦反軍ムードの強い時代であったから、〝大義のために死ぬのは男子の本懐である〟といった軍国調、愛国調の手記や遺書は採用されず、戦争への懐疑や批判をつづったものが大半を占めている。

この戦争の空しさを次の世代に伝えるために、生きて帰った元学徒兵を中心に「日本戦没学生記念会（本の題名をとって、通称わだつみ会）」がつくられコツコツと平和活動をつづけているが、これとは別に占領下で出版中止になった手記も復活させて『はるかなる山河に』の新企画も出版された。

生還した元学徒兵が当時を語る表情には一種独特のものがある。覚悟して職業軍人の道を選んだ現役将校のそれとも違い、いやいやながら兵隊に引っぱられた一般召集兵のそれとも違う。はりきった志願兵でもなく、泣く泣く行った召集兵でもなく、その心情は複雑である。愛する恋人に裏切られながら、なお懐しむやるせない男の表情ともいえようか。

平成五（一九九三）年十月二一日、思い出の神宮競技場に学徒出陣の由来を記した記念碑が建てられた。この日はちょうど五〇周年にあたる。（共）　（↓一年志願兵①）

閣下【かっか】　天皇の命令によって任命された勅任の**文官**や陸海軍の**将官**を呼ぶ敬称で、身分でいえば公爵閣下、大将閣下、職名でいえば総理大臣閣下や軍司令官閣下となる。

身分の高い人への敬称は表現も間接的になり、天皇・皇后や皇帝・主に対しては**陛下**、皇族には**殿下**、宗派の管長など高僧や法王には**猊下**（げいか）などを使う。

陛は宮殿の階段、殿も閣も宮殿の建物、猊は高僧の坐る獅子座という席のことで、いずれもお座席の下にいる臣下の自分をへり下り相手をあがめる用法である。

閣下を英語に直すと、YOUR EXELLENCY だが、これも同じ発想である。

閣下は文官・武官の双方に通用するが、軍人特有の敬称では陸軍の将官を**将軍**、海軍の将官を**提督**と呼ぶ。乃木将軍、東郷提督となりその逆はない。

将軍は周時代からの古い中国官制からの輸入で、鎮守府将軍や征夷大将軍となり、鎌倉幕府から足利をへて徳川幕府に至る世襲制の将軍家となった。

海軍の提督も同じ中国製で、陸海軍の指揮官に共通して使われたが、日本にきて海軍将官の専用となる。

将軍も提督もすでに死語となり、閣下も同じと思っていたが、ある席で大使閣下と呼びかけているのを聞いて感心したことがある。（共）　（↓元帥1・大将1）

観兵式【かんぺいしき】

三年に一度、陸上自衛隊朝霞（あさか）駐屯地（埼玉県）に総理大臣が出席して自衛隊の**観閲式**（かんえつしき）が開かれる。この戦前版が天皇による観兵式となる。

明治天皇は、明治元（一八六八）年八月の即位式のあと、京都の河東操練場で各藩御親兵の閲兵を行なったが、これが観兵式の始まりで、最初は**陸軍飾隊式**（しょくたいしき）と称し、のちに名を変えた。

そのあと天皇が宮城の本丸跡に軍神を祭った**一月一七日**を陸軍開始の日「**陸軍始め**」の日

として、東京をはじめ各地の駐屯地で軍隊パレードを行なうことになったが、天皇が東京で行なうのが観兵式、各地の団隊長が行なうのが**閲兵式**である。

やがて日露戦争に勝利を収めると、今度は決戦となった奉天(ほうてん)（現瀋陽(しんよう)）城陥落の日を祝って**三月一〇日**を**陸軍記念日**とした。これから年一度の観兵式は、陸軍始めか陸軍記念日のどちらかに行なわれることになった。

東京での観兵式は近衛師団が担当し、最初は日比谷練兵場（現日比谷公園）、駒場練兵場（現東大教養学部）、青山練兵場（現神宮外苑）で行なわれたが、やがて代々木練兵場（現代々木公園）に代わって定着した。

京都の操練場で数百人の閲兵で始まったこの陸軍パレードは、ピーク時には二万の近衛師団の大行進となった。

白馬にまたがり、多くの将軍たちを従えた昭和天皇の前を銃剣をきらめかせた歩兵連隊や見事な乗馬横隊の騎兵連隊、トラクターに引かれた砲兵連隊、轟々たる爆音を立てて走る戦車隊が延々とつづき、空には数百機の陸軍航空隊が**空中分列式**に参加し、その規模は観閲式

紀元2600年記念の観兵式。愛馬「白雪」と昭和天皇

の数倍に達した。

見物の軍人たちも勲章を胸に剣を吊り、市民たちも早朝から弁当持参で天皇に出会える貴重な機会をもつ国民的イベントでもあった。

戦時中もこの観兵式は実行されたが、昭和一八(一九四三)年を最後に幕を閉じた。皮肉なことにその次に行なわれたのは終戦の年の秋。皇居前広場で天皇の代わりにマッカーサー元帥によって盛大に行なわれたアメリカ占領軍の「観兵式」である。日本国民は複雑な感慨でこの戦勝パレードを眺めていた。

海軍の観兵式にあたるのは**観艦式**で、天皇が出席しないことを除いては名も形も昔とあまり変わらない。(陸)　(↓練兵場4)

軍機【ぐんき】　一般には軍事上の秘密をひっくるめて軍機という。軍の秘密には作戦案や新兵器の構造・性能、装備の定数、**要塞**の場所や配置などさまざまであり、戦争に入ると**動員**の状況、編成、人事などもふくまれる。

これらの秘密を外国のスパイから守るために、刑法と別に「**軍機保護法**」があって、太平洋戦争の直前、当時の近衛文麿首相から〝対ソ戦争はしない〟という日本の大方針をスパイしたドイツ特派員のリヒャルト・ゾルゲ、新聞記者の尾崎秀実(ほつみ)はこの軍機法に照らして死刑になった。

ときには趣味の短波ラジオで外国放送を聞いたり、風光明媚な景色を要塞地帯と知らずにスケッチした素人画家が、とばっちりで**憲兵**に引っ張られさんざんに油を絞られたりする。

　これらの秘密はたいてい印刷物になるから、命令書のような文書のほか、教科書・教範・兵器取扱書などの本類もその対象となる。

　軍ではこの秘密を重要度から区分して、**軍機・軍極秘・極秘・秘・部外秘**の五段階に分けている。このときの軍機は「軍事機密」の略で、一般で使われるより狭義で重い意味になる。

　陸軍の**参謀総長**、海軍の**軍令部総長**が天皇の裁可をもらって全軍に発する戦略命令の**大陸命**(だいりくめい)や**大海令**(だいかいれい)は、戦争の基本的な作戦を示したものだから最高の軍機だが、最低の「部外秘」でもその表紙に「使用後焼却ノコト」とか、「日本将校ノ他、閲覧ヲ許サズ」とか書いてある。兵隊には秘密を知らせる必要はないという思想がにじみ出ている。

　これらの文書の保管も厳重で、海軍では軍機は表紙が紫色、軍極秘・極秘は赤、秘はピンク、部外秘は白で一括して「**赤本**」と呼ばれ、機密図書箱に入れられてしっかりと鍵がかけられる。

　暗号書などの軍機文書が敵の手に渡ると一大事だから、艦が沈んでも浮かび上がらないように表紙に鉛が入って重さをつけてあり、さらに海中で水に溶ける特殊なインキで印刷されていることもあった。

　軍事上の秘密を守ることは国防上大切なことだが、現在の日本で「軍機保護法」を再生させることは大憲法論争に発展すること火を見るより明らかである。(共)

(→典範令4・要塞3)

軍属【ぐんぞく】

軍隊や軍の官衙（官庁）に勤めるが軍人でない者をいい、ともに戦ったから「太平洋戦争の戦没者、軍人軍属合わせて二三〇万、他に民間人は……」というふうに使われる。

会社の嘱託と字は似ているが、だいぶ重みに差がある。

軍属を大きく分けると、**陸海軍文官**と「**軍属読法**」を読んで採用された雇員・傭人の二つに分けられる。軍属読法は明治一五（一八八二）年に定められた誓約文で、軍人にも同じような読法があったが、これは廃止された。ひとくちに軍属とはいっても、世帯が大きいから職場は幅広い。軍部大臣、次官、帝国議会と交渉役の政務次官や参与官をはじめ、大臣官房などの事務をする書記官、技術畑の技師や技手、軍学校で教鞭をとる教授、軍に従って捕虜の尋問をする通訳官、官衙で事務に携わる理事官、軍人の下士官に当たる判任官の「属」、占領地の軍政をつかさどる司政官、軍法会議を手伝う法務官などさまざまである。

役所で理事官の下で働く事務員やタイピストなどは理事生・筆生と呼ばれる雇用・傭人で軍属ではない。日本赤十字社から、のべ三万五〇〇〇人が軍に派遣され、一一二〇人の戦死者を出した**従軍看護婦**も当然、軍医に属する軍属と思っていたが、婦長だけが軍属で献身的に働いたヒラの看護婦さんはただの軍属扱いであった。いま問題の日本人もふくめた**従軍慰安婦**は日陰の存在で、もちろん軍属ではないが、食糧から医療まで軍の世話になったのは事実である。

近代戦は宣伝戦ということで太平洋戦争では多くの**従軍記者**・従軍作家・従軍画家が徴用されたが、いずれも軍属の籍に入った。評価によって奏任官（高等官）と判任官の身分が与えられ、高等官は将校待遇となるから軍属服に身を包み軍刀を佩く漫画家もいた。軍刀を吊ってみたものの、軍隊内では非戦闘員の軍属は軽んぜられ、「軍人・軍馬・軍犬・軍鳩・軍属」とからかわれた。

平成六年七月、マーシャル諸島で米機の機銃掃射を受け負傷した在日韓国人の元軍属の補償請求が東京地裁で請求棄却の判決を受けた。判決の主旨は、現行の「戦傷病者戦没者遺族等援護法—**援護法**」は日本国民にだけ適用され、外国人には及ばないというもので、要は国の垣根である。

戦争中は日本臣民の義務として軍人・軍属に召集されてともに戦い、戦後は外国人として補償が適用されないという。「こんな体にしたのは日本の軍国主義。朝鮮のレッテルの上に臣民のレッテルを張り、戦後、用がなくなるとはぎとった」と日本国と日本人に対する恨みは深い。

朝鮮・台湾の旧植民地、中国・香港・フィリピン・インドネシアなどの旧占領地出身の日本軍軍人・軍属の恩給や援護をはじめ、一挙にあふれ出た従軍慰安婦、強制連行、**シベリア抑留**、軍票補償など何ら解決のないまま半世紀以上を経たいま問題は山積みとなっている。戦争はまだ終わっていないのだろうか。同じ敗戦国のドイツではそのほとんどが処理ずみで、元ユダヤ人収容所に関与する**戦争犯罪人**などはドイツ人自らの手で裁いている。

七月一四日の凱旋門通り(シャンゼリゼ)の軍事パレードには、フランス部隊に混じってNATOのヨーロッパ連合旅団の一員としてドイツ機甲部隊が行進している。ドイツと戦った元軍人や占領中の苦しみを忘れない市民たちの強い反対を押し切ってミッテラン大統領が招待したのだという。韓国政府の招きを受けて、日本の自衛隊がソウルのミョンドン大通りを韓国軍とともに行進することなど夢にも考えられない。(共)(→従軍記者1・読法1)

軍票【ぐんぴょう】 戦争が始まると、自分の国内でたくさんの金と物と人手が要るのはもちろんだが、敵の領内に入っても軍隊を養う食糧や日用品、宿泊地を設営したり軍需品を運ぶ人手がやたらと必要となる。

徴発という形で物や人を集めるが、金や物の裏づけなく銃剣の力づくで強制徴発すれば、結局は物は隠され人は逃げ出して長つづきはできない。

敵の通貨を手に入れるのは戦地では限度があり、といって自国の通貨で払えば通貨不足となり、結局紙幣の増刷から国内に深刻なインフレを巻き起こす。そこで生み出されたのが、戦地で軍隊が軍用にだけ使う紙幣=軍票である。

英語では「MILITARY CURRENCY(軍用通貨)」、漢語では「伝票」だから、「軍票」というのは純然たる日本語である。

この軍票が戦争で使われ始めたのは、戦争を秩序的に戦おうという意志が表われてきた一八世紀後半のナポレオン戦争時代となっているから二世紀ほどの歴史で、それまでは住民が安心して受け取る金貨や銀貨での購入か、強制徴発つまり掠奪を習慣としていた。

日本でも同じようなもので、明治一〇（一八七七）年の西郷隆盛の**西南戦争**で、西郷軍が俗に**西郷札**と呼ばれる私製軍票を出したのが始まりで、政府発行では明治二七（一八九四）年の清国との**日清戦争**に一部使った日清戦争・**軍用手票**（しゅひょう）が最初である。

軍票はこの軍用手票の略語で、軍用手票の公式語は終戦時まで使われていた。

日本帝国政府が発行し、陸海軍が使ったのは日清戦争・日露戦争・第一次世界大戦・青島攻略・シベリア出兵・日中戦争（**支那事変**）・仏印（ベトナム）進駐・太平洋戦争（**大東亜戦争**）の七回で、単位は両・円・銭などであった。

太平洋戦争の軍票は早くから秘密のうちに準備され印刷されていた。それぞれの予想戦場の住民になじむように、現地の風物をデザインに取り入れ、単位も蘭領東インド（インドネシア）がグルデン・ルピア、米領フィリピンがペソ、英領マレー・シンガポールがドル・セント、英領ビルマがルピー・セント、英領オセアニアがポンド・シリングなどと円銭単位でなく、現地通貨と同じにするなど芸が細かい。

インドネシアで使われた軍票（は号10グルテン）

軍票は戦争が終わったあと、国際通貨または物資で決裁する建て前となっている。大勝利に終わった日清・日露戦のあとの決裁は、メキシコ銀貨やドル金貨で順調に決裁されて問題は起こらなかった。

しかし、太平洋戦争では当時の貨幣価値で数十億円、または数百億円といわれる天文学的な発行量の軍票は、サンフランシスコ講和条約で賠償責任が免ぜられたためにただの紙切れとなり、今もってつかまされた現地民の恨みを買っている。

香港では多量の日本軍票を抱えた住民代表が大使館に押しかけて決裁を迫りつづける一方、フィリピンなどではレプリカ（複製品）を作って日本人観光客に土産物として売っている。

昭和一六（一九四一）年に関東軍特別演習（**関特演**）という名目でソビエトへの進攻作戦が計画され、結局は国の方針が南方進攻に決まったために中止されたが、このときにも超極秘中にルーブル・チェルボネッツ単位の対ソ軍票が印刷された。

戦中はもちろん、戦後も**戦争犯罪人**への追及を恐れてすべての痕跡が消され、これが世に出たのは戦後三〇年後のことであった。

南方にはまだ数百万枚の軍票が残されているが、このルーブル軍票で残っているのは世界に数枚が見られるだけである。（共）　（↓徴発３）

元帥【げんすい】　この**帥**の字は、師団・師弟・師範などのツクリが一本多い師の字とよくまちがえられ、師は常用漢字にあるが、ほとんど使われない帥のほうは入っていない。

辞典によると、帥とは①ひきいる、②したがう、と正反対の二つの意味をもつ妙な字で、将帥（将軍）、帥先（みちびく）などとともに高級軍人を表わす語群である。

明治三一（一八九八）年一月、明治天皇は「元帥府設置の勅語」を下し、〝特ニ元帥府ヲ設ケ陸海軍**大将ノ中ニテ**老巧卓抜ナル者ヲ簡選シ朕ガ軍務ノ顧問タラシメ〟と定めた。選ばれた大将が天皇側近のこのグループに入ることが〝**元帥府**ニ列セシメ〟となる。

これによれば最高軍事顧問官なのだが、一般の政治・行政については元首相や元議長からなる「**枢密顧問官**」制があり、軍事についても元陸海軍大臣や参謀総長・軍令部総長などの将官からなる「**軍事参議官**」というのがあったから、この元帥府は意地悪くいえば、功績のある老陸海軍大将の名誉ある隠居所のようなものであろう。会社でいえば相談役に当たるかもしれない。

軍人にもサラリーマンのように定年制があり、これに達すると退役や予備役に回されるが、最高位の元帥は死ぬまで現役であった。したがって理屈のうえでは戦時には大軍団・大艦隊の指揮官となるはずだが、実際には老齢で無理だから階級というよりも名誉職といってよい。

そのため元帥府に列せられたのは老齢の皇族の大将、軍務を離れた大将、戦死・病死した大将がほとんどで、例外として終戦間ぎわに本土決戦のため編成された第一総軍司令官杉山元、第二総軍司令官畑俊六の両元帥が総軍を指揮する指令官となった。

この理由は簡単で、このとき日本陸軍は五百万の大兵力に膨張し、大将の軍司令官だらけになったため、それを統率する上の階級が必要となったからである。

明治憲法によれば全軍の最高指揮官は天皇その人であったから、天皇は大将でも元帥でもなく**大元帥**であり、**大元帥陛下**がその代名詞でもあった。

この点、外国ではまったく違っていて、元帥は大将の上に位置する軍人の最高階級であり、〝老人クラブ〟のメンバーではなかった。

英語では元帥は、陸軍はFIELD MARSHAL、海軍がADMIRAL OF THE FLEET、アメリカ語になると、それぞれGENERAL OF THE ARMY、FLEET ADMIRALであって、日本語の野戦軍総司令官、あるいは艦隊司令長官で、バリバリの現場第一線の最高指揮官である。

アメリカのアイゼンハワー元帥、マッカーサー元帥、イギリスのモンゴメリー元帥、ドイツのロンメル元帥、ソ連のジューコフ元帥など、いずれも第一線に出かけて実戦の指揮をしている。

このように日本では名誉階位であったから、日露戦争後の**論功行賞**で手柄を決めたときに、陸軍では大山総司令官、野津第四軍司令官、海軍では軍令部長・伊東祐亨（すけゆき）や東郷連合艦隊司令長官らが元帥に昇進した。

知名度では抜群の第三軍司令官の乃木大将は、旅順攻撃の損害があまりに多かったためにその選にもれた。後日、乃木大将は明治天皇のあとを追って自刃したが、選にもれた口惜しさもその一因であったとする俗説もある。

戦前のわが国は肩書国家であったから、この名誉の重さも格別で偉くなるほど肩書は長くなった。軍人であれば階級・爵位・勲章の位、功績の位、それに平安時代以来の位階がズラリと並んでくる。

この**位階勲等**を教科書にものった日本海海戦の連合艦隊司令長官の東郷平八郎に例をとると、「元帥・海軍大将・従一位・大勲位・功一級・侯爵・東郷平八郎」となる。同元帥は日本をはじめ各国からもらった勲章を全部身につけると、その重さで一人では立てなかったという。

肩書だけでは今の総理大臣など足もとにも及ばない。騎兵上等兵の軍歴のあった田中角栄元首相は、陸軍から最下級の勲八等の勲章をもらっていたが、公的な席ではみっともなくて帯勲できなかったという。

大正七（一九一八）年になると新制度ができて、元帥たちに天皇からアクセサリーとして**元帥記章**と**元帥刀**、それに実用品として**元帥杖**が授けられることになった。元帥刀は鎮守府将軍の藤原秀郷の佩用したものを模した造りで、その先端は両刃で少し反り身になっている。

日本海海戦時の東郷平八郎（中央）。戦後元帥となる

月山などの当代刀匠に打たせ、外装を金銀で飾った優美な装飾刀であった。

ちなみに終戦までに生まれた元帥の数は、陸軍が山県有朋をはじめ一七人、海軍が西郷従道ら一三人、計三〇人である。

自衛隊の幕僚長は昔の大将に相当するから、現在の憲法では防衛大臣は元帥、自衛隊の総指揮官となる首相は大元帥に当たるわけだが、周囲も本人もまったくそのつもりはあるまい。

（共）（↓金鵄勲章下6・従軍記章下6）


皇軍【こうぐん】 天皇直属の軍隊のこと。すでに主権が天皇から国民に移り、日本の陸海軍が消滅した今日、この語は死語となり、同音で中国の「紅軍」を連想する人のほうが多いことであろう。中国紅軍は昭和二（一九二七）年に南昌蜂起で生まれた中国共産党の軍隊でソビエトの赤軍と同じ革命軍だが、これもいまでは「人民解放軍」と呼称を変更している。

その中国で日本の天皇にあたるポストは、皇帝・天子・帝などで、関連熟語の皇室・皇族・皇居・皇后などは、いまの日本でも生きつづけているが、漢語でなく日本造語の皇軍は第二次世界大戦の敗戦とともに短い期間で消え去った。大和言葉でこれにあたるものに「すめらいくさ」があり『日本書紀』や『万葉集』に出てくるが、その当て字が皇軍である。

もっとも「天皇」の呼称が国民の間に定着したのは明治維新後、かなりあとのことであり、それまでは民衆は「天子様」とか「帝（みかど）」といった呼び方をしていた。明治二二（一八八九）

年に制定された大日本帝国憲法の第一条で、天皇を元首と定めて天皇という語を法定化したにもかかわらず、その後の日清・日露の戦争の開戦の詔勅や勲章の勲記には、天皇でなく「大日本帝国皇帝は……」となっている。わが国で公文書から皇帝の語がなくなり、すべて天皇となったのはなんと大正時代の後半であった。

明治元（一八六八）年の維新戦争のときに、徳川幕府軍に対する天皇側の軍隊はシンボルとして、天皇家の菊の紋章をつけた西陣織りの「錦旗（錦の御旗）」をかざしたが、このときはまだ皇軍ではなく「官軍」であった。官軍とは正規の政府軍を意味する。

明治の初期は外国に追いつくために絶対制の強いシステムの大半を天皇に帰属させた。国民は天皇の家臣「臣民」であり、そして天皇の軍隊・天皇の官吏・天皇の議会・天皇の裁判所があり、その長は天皇に直接任命された。帝国議会や裁判所、国立大学から田舎の郡役所、小さな軍艦にいたるまで天皇の紋章の菊が金色燦然と輝いていた。

この明治憲法の第十一条で「天皇ハ陸海軍ヲ統帥ス」とはっきりと規定されてから官軍は皇軍となり、つづく対外戦争のニュース面でこの語が登場するようになった。日露戦争後、東郷連合艦隊司令長官が天皇に上奏した「日本海海戦経過報告」の冒頭にも「ソノ間海陸ノ交戦、皇軍勝利ヲ獲ザルコトナク」と使われている。

戦況を報道する新聞やラジオで「わが軍は」「わが帝国陸軍は」「わが日本軍は」など、まちまちの表現がすべて「皇軍」と統一されたのは、昭和一二（一九三七）年に始まった日中戦争のころからであった。景気のいい鳴り物入りで「皇軍破竹の進撃」とか「皇軍堂々の入城」といった言い回しが氾濫（はんらん）し始めた。軍歌の中にも〽これ皇軍の大精神、〽忠勇無双皇軍の――、〽光りと仰ぐ皇軍の……と賑やかである。

このように皇軍という言葉は日本軍人にとっては名誉に満ちた語であったが、侵略される側の中国民衆は同音で「蝗軍」ともじって恐れ恨んだ。蝗はいなごであり、一物も残さず田畑を食い荒らす悪魔の虫である。食糧を敵地に求めて進んだ日本軍の通過地域は、まるでいなごの大群が通ったあとと同じであったのだろう。日本軍の宣伝班が壁に「皇軍入城」と書くと、いつのまにかゲリラの手で皇に虫偏（へん）がつけられていた。

いずれにせよ「天皇の軍隊」というプライドは日本の軍隊のなかだけの主観的な意識であって、外国人にはまったく理解されず、したがって通用もしない。

長い間、中国戦線で戦闘に明け暮れしていた元兵士の森金千秋氏は、その著書『日中戦争』の中で、「旧日本軍は、皇軍と称していたように天皇の軍隊であった。国民の軍隊ではなかったのである。これほど兵を虐待した軍隊は他にないのではないだろうか」と語っている。

民族的独善は、結局その民族さえも犠牲にしたのである。（陸）（↓御紋章下8）

伍長【ごちょう】　兵士が二列横隊に並んだときに前後に位置する二名の兵が「伍」であり、四列縦隊に並んだ場合には横一列の四人がこれに当たる。「伍」はこの少数のグループの単位を示す語で、伍の数を増やすには「**伍間**（ごかん）」を埋めて五人にも六人にもなり、伍から脱落すると「**落伍**」となる。

縦隊の場合、縦一列が列、横一列が伍で、合わせて「**列伍**」となる。かなりの数の隊になると「**隊伍**」となって、パレードなどでは「威風堂々、隊伍を整えて行進する」といった表現が使われる。

伍長は「伍」の小さな組の長で、中国の周時代の兵制では伍はニンベンに五の字でもわかるように五人から成っていたから、伍長はいわば五人組の組頭（くみがしら）であった。

日本陸軍では明治建軍のときに、下士官の最下級の階級を伍長と定めて後に准尉（じゅんい）や兵長などの新階級が追加されたあとも一貫して存在しつづけた。軍曹の下、上等兵（のち兵長）の上で、自衛隊の「三曹」（三等陸曹・海曹・空曹）がこれに当たる。

下士官だから、新任だと教練の**助教**（将校は教官、兵隊は助手）などを務め、古参伍長ともなると軍曹に代わって兵営内では**内務班長**、戦地では小隊長の下で分隊長を務める。周時代の五人組にくらべて陸軍の分隊員は多い部隊で一五人もいるから、少ないとはいえ一隊の隊長になれる伍長は、田舎に帰っても望みのない**再役志願**の兵隊にとっては憧れの的であった。

陸軍伍長の階級章は赤い台布にモールの金筋一本、銀の星一つで金筋は最上級の大将から最下級の伍長に共通する武官のシンボルでもある。

曲がりなりにも判任官の武官官吏であったから官尊民卑時代の社会的位置は絶大で、戦争に行って勲章一つに従軍記章でも胸につけて故郷に帰れば、小作の息子が村長の美人娘を嫁にもらうことも夢ではなかった。

ちなみに同じ分隊でも陸軍では縦割りの最小単位だが、海軍では砲術科・航海科といった兵科別の横割りの組織で戦艦の分隊長ともなれば、階級も高く部下の数も段違いに多い。

また、海軍には伍長の階級はなく二等兵曹がそれに当たるが、衛兵や巡邏（警務）のグループの長は伍長と呼ばれ、海軍兵学校の最上級の級長ポストもまた伍長であった。（共）

（→陸士4・海兵4・衛兵2）

在郷軍人【ざいごうぐんじん】

字は郷土にいる軍人だからスイスの在宅予備軍や中国・ベトナムの民兵のようでもある。

スイスの予備軍は家に小銃・弾薬と一年分の食糧を自費でたくわえ、ときどき軍服に着替えて訓練に出る。

また、中国の民兵は一般市民が職場単位や地域単位で時おり訓練に出かけ、戦時には自分の家や村を守る制度であるが、日本の在郷軍人はそのどれでもない。

明治以来、常備軍として二〇～三五万人の軍人が現役についているが、それを済ませて家に帰り一般人となっている兵役経験者は、明治の終わりには三〇〇万人を越えるまでになった。

それが、あちこちで同窓会のようなグループをつくって、昔話に興じていたのを全国的に組織したのが、明治四三（一九一〇）年の「大日本在郷軍人会」である。

元陸軍大将の伏見宮貞愛(さだなる)親王を総裁として、陸海軍の省令にもその規定が入り、軍事費からも補助金が出るから半官半民的な性格で誕生した。

終わったばかりの**日露戦争**では多くの従軍者・戦死者・戦傷者が出たから、在郷軍人会の手はじめの仕事は帰郷兵たちの親睦、戦死者の遺族の救済、戦傷者への仕事のあっせんなど、共済組合のような色合いが強かった。

当時の制度では、二〜三年の現役が終わって家に帰っても陸軍で一五年四か月、海軍で一二年は**予備役**、満四〇歳までは**後備役**(こうびえき)という義務が残っていた。共済組合でスタートしても会員のほとんどが予備役・後備役から成り立っている。

貧乏なこの時代の日本では、大きな予備軍をもつ金もなかったので、在郷軍人会そのものを自弁の総予備軍とし、軍も協力して組織づくりをしたのであろう。明治の国是「**富国強兵**」「**国民皆兵**(かいへい)」の一端である。

当時の外国の軍事年鑑にも現役二〇万、予備軍は在郷軍人全会員の三〇〇万とそのまま載せて、内外ともに「天皇の予備軍」として認知されていた。

そのため、一般の国民には許されない宮城(皇居)内の拝観、天皇の皇室行事への参加、**観兵式・観艦式・大演習**の見学などが許される特権もあった。

したがって、その規模もステータスも現在の予備自衛官とは異なり、兵営ではできの悪い万年上等兵でも村の在郷軍人会の会長ともなると、村長につづいて校長さんや駐在さん、駅長さんらと同列で上座にすわることができた。

戦時となると、予備役の会員はぞくぞくと**召集**されて元の軍人となっていき、残った会員は出征する兵士の送別、帰還した戦死者の遺骨の出迎え、留守家族の手助けなどに飛び回る。

戦争が激しくなって日本本土にも火がついてくると、今度は最後までお呼びのかからない在郷軍人の老兵たちが、旧式の軍服を着て**隣組**（となりぐみ）のオバさんたちに**竹槍**（たけやり）**訓練**や**防空演習**を指導した。

なかには久しぶりの出番に張りきりすぎて、いばりくさり近所の鼻つまみになる在郷軍人もいた。

敗戦とともに陸海軍は解散復員し、自動的に在郷軍人も消滅し、**軍旗**そっくりの会旗やかつて胸を飾った会員章は古物屋の店に埋もれている。（共）（↓観兵式1・竹槍下5）

参謀【さんぼう】　はかりごとに参画する、つまり指揮官を助けて作戦計画案を練る参謀の職名は、中国から伝わり日本でも古くから使われている。

秀吉の竹中半兵衛、信玄の山本勘助といった智恵袋は「軍師」であったが、維新戦争には板垣（退助）参謀や黒田（清隆）参謀の名があちこちに見え隠れしている。

英語では民間と同じ**スタッフ**（STAFF）、自衛隊では参謀の言葉をきらって「**幕僚**（ばくりょう）」となっている。市ケ谷にある防衛省には陸上幕僚監部、海上幕僚監部、航空幕僚監部があり、その最上級は、統合幕僚長の役職であり、昔流にいえばいわば、防衛大臣を補佐する陸海参謀長であろう。

企業などいろいろな組織が頭脳集団を集めてシンクタンクを設けているが、これも参謀の一種である。

スタッフであってラインではないから部隊への指揮権もなく、雑用をする当番や運転手以外は部下ももっていない、一匹狼の集まりである。

すべての参謀は指揮官に属するが、内部には統轄者としての**参謀長**、次席の**高級参謀**や**首席参謀**、仕事別に**作戦参謀**・**情報参謀**・**通信参謀**・**後方参謀**（兵站）などがあり、政府や陸海軍省などの連絡役の**戦務参謀**などもあった。

明治のはじめ、陸軍は強力なプロシア陸軍の参謀制度を採用して、モルトケ将軍の愛弟子のメッケル少佐を乞い受け、**陸軍大学校**をつくって参謀を育成し始めた。メッケル少佐の教育方針は机の上でなく実地体験主義で、ぞくぞくと生まれた参謀たちが日清・日露戦争で大活躍した。大山巌満州軍総司令官を助けた児玉源太郎参謀長はその代表である。

ヨーロッパの各国軍では指揮官が自身で作戦室の骨組みをつくり、スタッフといっしょになって肉づけをする。ヨーロッパ戦線のアイゼンハワー元帥も太平洋戦争のマッカーサー元帥も、直接作戦案を練り陣頭に立って指揮をした。

しかし、今も昔も〝和を以て尚しとなす〟風土の日本ではこのトップダウン（上意下達）方式はなじまず、ボトムアップ（下意上達）方式を尊重する慣行がある。

これは官民を問わず、戦国時代を除いては天皇も幕府の将軍もすべてを下にまかせ、今でも名社長といわれるタイプはボトムアップ尊重型である。

太っ腹に構え、寡黙ですべてを参謀たちにまかせ最後の決裁印だけを捺し、いったん敗戦となれば辞世の句を残していさぎよく腹を切る、というのが名将といわれた。

このタイプには西南戦争の西郷隆盛、日露戦争の大山巌、硫黄島戦の栗林忠道、沖縄戦の牛島満、終戦時の陸軍大臣の阿南惟幾らがいるが、どういうわけか長野出身の栗林将軍を除いていずれも九州出身であった。

西郷などは西南戦争で大戦略を誤り、官軍の実力を評価しそこない、参謀や隊長たちの独走を黙認して、ついには城山で切腹した敗軍の将だが、今でもなお名将の名を残している。

作戦命令も大筋を示し、最後に「細部ハ参謀長ニ指示セシム」の一条を加えるのが通例であった。このボトムアップ方式は戦局が好調のうちはスムーズに作用するが、戦いが受け身になってくると矛盾が出てくる。

参謀たちが、ときに司令官の委任状をもち、ときにはそれなしに司令官の代わりに前線に出かけて指揮権を発揮する。

もともとスタッフであって、何の指揮権もないからこれは明らかに専断であり、下剋上であった。しかし、司令官はこれを〝日本的名将〟になろうとして黙認し、一部の骨太な者を除いて前線の部隊長たちはこれに従った。士官学校のはるかに先輩の師団長中将が、若い中佐参謀に命令されて動くようなことになる。

これは欧米軍では考えられない組織の破壊で、戦争末期には弊害となり、敗戦に拍車をかけるまでになった。

戦後、参議院議員となりベトナムで行方不明となった辻政信参謀などは、ノモンハン戦、シンガポール戦、ガダルカナル（島）戦、北部ビルマ（ミャンマー）戦などで、独断で次々と軍司令官命令を出して前線部隊をキリキリ舞いさせた。

本来参謀には指揮権もない代わりに責任もないから、敗戦の責任はいつも軍司令部がとらせられ、辻参謀はその行き過ぎを罰せられることもなかった。

終戦時に近衛師団長の森中将を斬殺して偽の師団命令をつくり、クーデターを起こそうとした近衛師団の参謀たちもそのパターンである。

サイパン戦の指導をした晴気（はるけ）中佐が、その責任を感じて市ヶ谷の陸軍省の庭で腹を切ったことなどは例外中の例外であった。

戦後多くの敗因追及のなかにも、この日本陸軍の参謀制度の欠陥をその一つにあげる人もある。

しょせん、ヨーロッパのラジカルな制度を日本の情緒的民族性に組み入れたことが〝木に竹を継いだ〟ものであったのか、あるいは参謀養成の**陸軍大学校**の教育方針に一大欠陥があったのか研究課題とされる。

ただ、ボトムアップ方式は敗戦であらためられることもなく、証券の損失補填や銀行の不良融資のような事件が起きると、情報を伝えられなかった名社長や名頭取が国会で頭を下げている。（共）

師管【しかん】 **師団管区**の略称だが、まず**師団**を説明しよう。師団という軍の単位は最小単位が**大隊**、**連隊**や**小隊**とともに、今も昔も変わらない用語で、日本陸軍では戦闘の最小単位が師団で、戦略の最小単位が師団で、この間に**旅団**―連隊があり、**中隊**はさらに小隊・**分隊**と細分される（自衛隊もそれまでなかった旅団が復活した）。

日本軍の師団の兵員は、現在の自衛隊の約八〇〇〇人よりひと回りもふた回りも多く、歩兵四個連隊を軸に平時で二万人、戦時で二万五〇〇〇人を超える大集団となる。

いざ戦争となると複数の師団で**軍**、複数の軍で**方面軍**、複数の方面軍で**総軍**となる。大陸戦域の支那総軍、東南アジア戦域の南方総軍などはいずれも数十から十数個の師団を配下にもった大軍団であった。昭和二〇（一九四五）年秋に想定された本土決戦用の陸軍は東に第一総軍、西に第二総軍、合計八〇個師団三一〇万の規模で展開することになっていた。

このように師団は最小の戦略単位であると同時に、最大の戦術単位として戦場に出動するわけだが、平時にはそれぞれ定められた所に司令部を置き、周囲に配下の部隊を**駐屯**（ちゅうとん）させた。駐屯は古い言葉だが復権して今でも生きている。

この定められた区域が師団管区「師管」である。日本全土を、朝鮮半島をふくめて北は樺太から南は沖縄・台湾まで分割してそれにナンバーをふって、第一から第二〇師管までとした。この番号の順序は単に明治以来の師団の置かれた順であり、管区の範囲も行政区画とはまったく別の区分である。

一例をあげれば、東京代官町（現北の丸公園）に司令部を置いた第一師管の配下の歩兵連隊は東京の赤坂第一、青山第三、甲府第四九、佐倉第五七の四個連隊で、東京府と埼玉・千葉・山梨・神奈川の全県にまたがっている。

ちなみに北から南に見ていくと、昭和初期では、

北海道〈含む樺太〉（第七）東北（第二・第八）

関東（第一・第一四）北陸（第九）

中部（第三）関西（第四・第一六）

四国（第一一）中国（第五・第一〇）

九州〈含む沖縄〉（第六・第一二）

朝鮮（第一九・第二〇）

となっていた。この師管番号と所在の師団番号は同じで、中部地方の第三師管司令部は名古屋城内に第三師団司令部と同居している。

第一三、一五、一七、一八師管がないのは大正一四（一九二五）年の「宇垣軍縮」によってこれらの師団が廃止されたためである。また近衛師団は、全国から徴兵するため全国がその師管区となっている。

ちなみに、戦時の軍の単位は次のとおり。時代や規模によってちがうが（　）はおよその構成人員を指す。

分隊（一三）→小隊（五五）→中隊（二三〇）→大隊（一〇〇〇）→連隊（四〇〇〇）→旅

団（八〇〇〇）→師団（一五〇〇〇～二〇〇〇〇）→軍→方面軍→総軍（陸）（→連隊区1・独混2）

侍従武官【じじゅうぶかん】

いまの日本には宮内庁に属して天皇や皇族に仕える侍従はあるが、侍従武官の制度はない。日清戦争真っ最中の明治二七（一八九四）年八月に始まり、太平洋戦争後の昭和二〇（一九四五）年十一月に廃止されている。

日清戦争中の侍従武官の役目は戦況報告ぐらいですんでいたが、だんだん軍が大きくなってくると最高指揮官としての天皇と陸海軍を結ぶ太いパイプが必要となり、仕事も人数も増えていった。

毎日、天皇のそばに奉仕し、軍事に関する報告、質問に対する奉答、天皇の勅命の伝達のほか、観兵式や大演習・行幸・祭典・宴会・謁見などに陪席しお伴（とも）する。また、天皇の代理として演習や閲兵などに派遣されることもある。

侍従武官の定員は、陸軍五人、海軍三人で、階級は少将から中尉まで、その長は侍従武官長で、伝統的に天皇の信任の厚い陸軍大将か中将が親補される。

平時の事務的な仕事とは別に、侍従武官の重要な任務は事変や戦争などの激動期に正しい情報を天皇の耳に入れることであった。これが軍部の代弁者になってしまうと軍に都合の悪いことは報告せず、天皇には情報が入らず国政に重大な影響を与えることになる。

満州事変の起きたとき、**関東軍**司令官であった本庄繁大将は昭和八（一九三三）年から八年間五代目の侍従武官長を務めたが、天皇から「満州事変は謀略の噂もあるが、どうなのか」と聞かれたとき、「謀略という噂は私も聞いておりますが、関東軍も私も断じて謀略はやっておりません。ご安心ください」と平然として天皇をだました。満州事変が司令官の承認のうえ、関東軍の参謀たちによって起こされたことは今でも歴史上の事実である。

さらにそのうえ、昭和一一（一九三六）年の**二・二六事件**が起きたとき、天皇は反乱軍の即時鎮圧を命じたが、本庄は軍に気がねしてか言を左右にして実行せず、ついに温厚な昭和天皇も怒って、一か月後にクビになった。**予備役**に回された彼は終戦の年の十一月二日、母校の陸軍大学校の校内で自決したが、天皇の信頼を失ったことを恥じてか否かは判らない。

侍従武官長は師団長を務めた中村覚や奈良武次、関東軍司令官だった本庄繁、中支派遣軍司令官だった畑俊六（のち南京事件の責任者として**A級戦争犯罪人**）のように第一線引退後の名誉職だったが、若い侍従武官からはのちに名声を残すそうそうたる武人を生んでいる。

陸軍の阿南惟幾（これちか）大将は終戦時に陸軍大臣として敗戦の責任をとって割腹自殺し、海軍の斎藤実（まこと）少佐は総理大臣になったあと二・二六事件で暗殺され、及川古志郎中佐も海軍大臣となって日独伊三国同盟を結んでいる。多くの艦隊司令長官を歴任した近藤信竹大将、佐世保鎮守府長官の今村信次郎中将、第六艦隊司令長官で戦後刑死した醍醐忠重（ただしげ）中将など、いずれも海軍から選抜された侍従武官であった。

最後の侍従武官は蓮沼蕃（しげる）大将で、昭和天皇の摂政時代の東宮武官から、たびたび侍従武官、侍従武官長に召し出され、側近に奉仕すること一一年四か月、最も天皇に信任された侍従武官であった。

終戦時の総理大臣の鈴木貫太郎大将も、侍従武官ではないが侍従長として天皇に仕え、二・二六事件で凶弾に倒れたが九死に一生を得たことは有名である。（共）（↓武官1）

従軍記者【じゅうぐんきしゃ】　「従軍」には単に軍に従事するというより、進んで軍隊に従って前線に出かけるというニュアンスがある。

明治一〇（一八七七）年の西南戦争以来、昭和二〇（一九四五）年の本土決戦まで日本軍は国内戦を想定していなかったから、従軍とは外地に出征する意味合いが強い。

将兵は従軍するのは当然だから、「従軍」の冠詞は民間人のものであり、「従軍看護婦」「従軍慰安婦」「従軍画家」「従軍カメラマン」、そしてこの「従軍記者」がある。同じ女性でも従軍看護婦は〃お国のためにけなげに働く大和撫子（やまとなでしこ）〃であり、従軍慰安婦は〃日陰に咲く花〃の存在である。

従軍記者の歴史は古い。最初の外戦だった明治七（一八七四）年の**台湾出兵**のときには、東京日日新聞記者の岸田吟香が輸送請負いの大倉組の手代の資格で従軍記者の第一号となっている。つづく**西南戦争**では福地源一郎や、のちに首相となった犬養毅が、明治二七（一八九四）年の**日清戦争**では国木田独歩、徳富蘇峰、正岡子規らの新進文士が記者となって前線の実相を内地の読者に速報した。

明治三七（一九〇四）年の**日露戦争**では、一一六社もの多くの新聞社・通信社が二年間にわたり記事を送りつづけており、その地位が定着して軍からも身分が保証された。

カメラが未発達だった明治初期には従軍画家が戦況をスケッチしたが、やがてジャーナリズムの発展とともに従軍記者には新聞・通信・出版・放送の記者、写真・映画のカメラマン、日本画・洋画・漫画の画家が加わって賑やかになってくる。

昭和一二（一九三七）年に始まった**日中戦争**では、上海戦線で映画監督の山本薩夫が従軍監督となって『戦ふ兵隊』というドキュメンタリー映画をつくり、南京戦線では人気作家の石川達三が『生きている兵隊』という小説を書いた。いずれも記者の枠をはなれた映画監督や作家であった。『戦ふ兵隊』も『生きている兵隊』もその描写が生ま生ましくて軍部ににらまれ、陽の目を見ずに発禁処分となったが、いずれも戦後に、大監督、大作家として名を成した。

軍の意向にも沿って当時、国民の人気を集めた従軍作家に歩兵分隊長あがりで『分隊長の手記』を書いた棟田博、同じく『麦と兵隊』『土と兵隊』『花と兵隊』の兵隊三部作で大当た

木を盾に被写体を狙う従軍記者

りした火野葦平がいるが、棟田は戦後、失意のうちに亡くなり、火野は自ら命を断った。

各社から直接派遣される記者は特派員であるが、陸・海軍が委嘱して派遣する場合には軍の嘱託＝「**軍属**」となり、陸・海軍省の報道部に属して陸・海軍**報道班員**となった。軍属には文官の高等官・判任官・傭人・雇員などの階級があり、それぞれの制服と階級章を身につけた。高等官待遇となると将校と同じく長い軍刀を吊ることになる。

太平洋戦争の初期、オランダ領東インド（現インドネシア）を攻略した今村均大将の第一六軍は内地から多くの作家・画家・漫画家を軍属として徴用して現地人への宣伝活動をさせたが、そのなかに連載漫画『フクちゃん』で人気を博した横山隆一もいた。少年のように小柄で丸顔の横山画伯が長い軍刀を引きずるように現われると、兵隊たちは〝桃太郎が来た〟と手放しで喜んだという。

戦争末期には、補給を断たれた前線の従軍記者やカメラマン・作家たちは軍と運命をともにし、のちに文化庁長官となった作家の今日出海もフィリピン山中を彷徨（ほうこう）した。

戦地に出かけた陸・海軍報道班員の総数は今もって不明であるが、全日本新聞連盟編の『従軍記者』によれば戦死・行方不明の数は約二五〇人となっている。（共）

（→出征下8・慰安婦下8）

将校【しょうこう】

明治の前期には陸海軍とも兵科の数が少なく、少尉から大将までのすべての幹部武官は**士官**で、幹部の養成学校も士官学校と名付けられた。その下の下級管理職が**下士官**である。

時代とともに組織が複雑化して次々と新しい職種が生まれてくると、歩兵・騎兵・砲兵・工兵の**戦闘兵科**や**憲兵科**などの士官は**将校**となり、軍医・獣医・薬剤・経理科などの士官は**将校相当官**と呼ばれて区別されるようになった。

『阿部一族』などを書いた文豪の森鷗外は、軍医の最高幹部である**軍医総監**の地位にあり、陸軍中将の階級であったが、これも正しくは中将相当官であって将校の中将ではない。

海軍も同じで、砲術・水雷・航海などの兵科の士官は将校で、縁の下の力持ちの機関科（昭和一八年まで）や軍医・主計科士官は将校ではなかった。

さらに海軍には「**軍令承行令**」という命令権者の順位を示した規則があり、第一に兵科将校、ついで機関科士官、つづいて主計科の相当官といった序列があり、それがまた同じ階級でも任命順、同じ卒業年・任官時ならば卒業席次による順と、きっちりとした順番で位置づけられていた。

これ以外にも、兵隊から叩き上げた**特務士官**、戦時に大学や高等専門学校出で即成幹部とした**予備士官**もあり、その入り組みは複雑だが、承行令では明確に序列化されている。

これは戦闘中、艦長でも戦死すれば指揮が混乱するからで、その場合には副長、さらに砲術長、航海長と順位がつづく。もし艦橋に敵弾が命中して幹部将校全滅とでもなれば、兵科将校の最上級、最先任、上席次の将校が指揮権をとる。

ところが最初のうちは、この規定が杓子（しゃくし）定規で、極端にいえば、海軍兵学校を出たばかりの青二才の新品少尉が兵科将校ということでベテランの機関科大尉や特務中尉の上に立って指揮をするような矛盾も出てくる。

さすがにこれでは戦争ができないから、この規定は何度も改正を重ねることになるが、上位上級職を下級の指揮下に入れないという一見思いやりにもみえる制度の根本は変わらず、下位者が抜擢されて指揮官となったために、同格かそれ以上の有能な士官が要塞司令官や**軍事参議官**などの閑職に追いやられた例は多い。

合理的な米国では、すべての将官は一律に少将であり、役職のついたときに中将・大将となり、役職を離れたときには予備役に回るといった制度をとってこの矛盾を回避していた。下級将校に泣かされた上級士官も多かったにちがいない。（共）（↓武官1・特務士官1）

大尉【たいい】　少佐の下、中尉の上の階級で、尉の音はイまたはウツなのだが、元となった律令時代の官制ではジョウと発音した。

明治の初めに武官の官位制ができたとき、大将・大佐・大尉を陸軍がたいいと発音したのに対して、海軍はわざわざ、だいしょう・だいさ・だいいと別に言い換えた。身分も給料も同じはずだが、ここに海軍ありと一線を画したかったのだろう。

しかし、だいしょうは外国の海軍に代将（VICE ADMIRAL・自衛隊では海将補）があってまぎらわしく、だいさも使われなくなりだいいだけが最後まで残った。このように陸海軍が同じ言葉でそれぞれに独自性を発揮する例は外国にも多くあり、なかにはまったく違った内容になることもある。

　以前、シドニーで開かれた日豪海軍軍人のパーティーに参加したとき、ある夫人が、〝うちの夫の大佐(キャプテン)は四隻の潜水艦の指揮官なのよ〟と誇らしげだったので、〝それはすばらしい。大尉(キャプテン)で大したものだ〟とお世辞をいったら話がトンチンカンになって変な顔をされた。英語のCAPTAINが陸軍では大尉だが、海軍では三つも上の階級の大佐と知ったが後の祭り。学校で教わらなかったとはいえ人間どこで赤恥をかくかわかったものではない。

　階級を大・中・少にわけると封建的に見えるのか、自衛隊では一・二・三等に区分して大尉は一等陸・海・空尉となる。飛行機でも列車でも一等・二等の座席の名前はなくなった時代だから〝一尉と二尉ではどちらが上なのですか〟といった素朴な質問も出てくる。二等は一等の倍偉いと考えるのはよほど素直な性質の持ち主であろう。(共)　(↓大将1)

大将【たいしょう】　異色の天才画家といわれた山下清は、人や物の評価がわからないときには〝兵隊の位でいえばなんになるのかなァ〟と訊(き)くのが口癖だった。

　発達障害があった彼は世の中の仕組みがなかなか飲み込めず、世間の人がエラさの基準にする社長・専務・課長といった肩書きはいっこうにわからない。

　そのかわりに、当時の軍国日本の子供たちにとっては常識の、**二等兵**から**大将**までの**陸軍軍人の一七階級**は頭の中にピシッと刻み込まれていた。社長は大将で課長は大尉、新入社員は二等兵だといえばいっぺんに理解できた。半裸になってあっちこっちさまよっていたため、映画化された題名も『裸の大将』となる。

もともとは八世紀の律令時代に輸入した官制のなかの軍隊の最高指揮官の官名で、近衛大将（このえたいしょう）・左大将・右大将などがあり、ダイショウともいった。

このあと軍記物に御大将（おんたいしょう）とか侍大将（さむらいだいしょう）とか出てくるが、これは部隊長や隊長のことで官名ではない。

明治二（一八六九）年、新政府が新たに陸海軍の官制を定めたとき、**将官**・**上長官**（佐官）・**士官**（尉官）の三段階と、それぞれを大・中・少に区別した九階級が生まれた。なんと一一世紀もさかのぼってのリバイバルである。

新体制の建設期はガタガタしていたので、実際に大将が任命されたのはそれから四年後の**陸海軍武官表**が確定されたとき。陸軍大将の第一号は明治六（一八七三）年五月、薩摩藩出身の**西郷隆盛**、海軍大将の第一号はそれよりはるか遅れて明治二七（一八九四）年一〇月、同じ薩摩藩出身、それも隆盛の弟の西郷従道（つぐみち）であった。西郷従道は陸軍中将から海軍大将に昇進しており、当時の混乱ぶりをうかがうことができる。

士官学校や兵学校を出て少尉に任官したあとは、コツコツと軍務に励めば年功序列の制度で階級はエスカレートして、運がよければ中将までたどりつく。しかし、それから大将になるには厳選に厳選が重ねられる狭き門であった。中央で要職を占めていても第一線での実戦歴がなければ資格がなかったが、やがて制度に矛盾が出て日露戦争直前に改められた。

富国強兵の軍国時代には陸軍大将や海軍大将はへたな大臣よりも誉(ほまれ)に満ちた地位で、銀行の頭取や会社の社長など足元にも及ばぬ少年たちの憧れの的であった。

やがて軍がふくれ上がり・戦争も頻発(ひんぱつ)するようになると大将の数も増えていった。日本軍八〇年の歴史から生まれた陸軍大将は一三四人、海軍大将は七七人、最後の陸軍大将は沖縄作戦で自決して中将から昇進した鹿児島出身の牛島満、最後の海軍大将は宮城出身の井上成美であった。

太平洋戦争までは、後方にいる中将が戦死することなど事故死を除いてありえなかったが、軍や師団ごと玉砕全滅した太平洋戦争では戦死して大将になるものも続出した。

陸軍ではボルネオで墜落死した前田利為、中国で墜落死した塚田攻、セラム島アンボンで戦病死した富永信政、グアム島で玉砕した小畑英良、硫黄島で玉砕した栗林忠通、セブ島の海上で機銃掃射で死んだ鈴木宗作、沖縄の牛島満の七人、海軍では第九艦隊司令長官で戦死した遠藤喜一、サイパン島で玉砕した高木武雄、同じく南雲忠一、墜落死した山県正郷、戦艦「大和」の特攻作戦で沈んだ伊藤整一の五人となっている。現職の大将で前線で死んだのは陸軍では戦病死した山脇正隆一人しかいないが、海軍には墜落死した大角岑(みね)生(お)、ソロモンで機上戦死した連合艦隊司令長官の**山本五十六**、台風で行方不明となった古賀峯一の三人もいる。

山下清も納得するほど大将は偉かったから、言葉が民間にも天下りして町のボスや職人の親方が大将と呼ばれ、偉ぶった人間を〝おい大将〟と冷やかして呼ぶこともあった。

子供仲間のがき大将もその一つで、青大将も蛇の仲間では一番エラいのかもしれない。

時代によって階級の数や名称は違うが、昭和一七年よりの陸海軍の階級を参考までに記しておく。（共）

（↓元帥1）

〔陸軍の階級〕

二等兵→一等兵→上等兵→兵長→伍長（ここからが下士官）→軍曹→曹長→特務曹長もしくは准尉（准士官）→少尉（ここからが士官）→中尉→大尉→少佐→中佐→大佐→少将→中将→大将→（元帥）

〔海軍の階級〕

一等兵→上等兵→兵長→二等兵曹（陸軍の伍長に当たる）→一等兵（陸軍の軍曹に当たる）→上等兵曹（陸軍の曹長に当たる）→兵曹長（陸軍の准尉に当たる）→少尉以下陸軍と同じ

大東亜戦争【だいとうあせんそう】

一九四一年一二月、太平洋戦争の戦端が切って落とされた翌々日、東条首相は政府・大本営連絡会議の席で、今度の戦争を何と命令するかをはかった。

最初、海軍側から「対米英戦争」や戦後定着した「太平洋戦争」などの案が出されたが、いずれもスローガンとして印象が薄いということと、現に中国大陸で戦闘続行中の陸軍の立場が無視されるといった陸軍側の反論が出た。

すでに欧米の植民地勢力を一掃して東アジアに、日本のリーダーシップで新しいブロックを建設しようという**大東亜共栄圏**構想があったため、解放戦争の意味合いをこめてこの大東亜戦争に決まり、翌日、政府発表・官報公示として正式化された。

この名は戦争中国民になじまれ、夢のつい去った現在でも一部の人々に愛着をこめて使われている。

当時この連絡会に参加した元外務大臣の重光葵(まもる)は、これについて自伝の中で「この戦争は太平洋戦争でも大東亜戦争でもなく、欧州戦線を含めた世界大戦であった。日本が狭い考えで大東亜戦争と呼んでもどうにもならぬ性質のもので、この指導者の狭い考え方が初めから国を誤った原因となっていた」とクールに評している(『昭和の動乱』)。

アメリカでは欧州と太平洋の二大正面作戦を展開したため、前者をEUROPEAN WAR、後者をPACIFIC WARと呼んで区別していたが、これが戦後訳されて太平洋戦争となり、教科書にものって新しく国民に定着している。結果として陸軍が懸念したように中国大陸の長期戦やソビエト軍の進攻は影が薄くなってしまった。

旧軍最後の戦争の参加章である「大東亜戦争従軍記章」は製造されたが発行されず、今では世界に残る数十個の「幻の記章」となっている。(共・民)

大本営【だいほんえい】

大日本帝国憲法の第十一条には「天皇ハ陸海軍ヲ統帥ス」とあり、日本軍の最高司令官であり絶対の命令指揮権があって政府ですらこれに介入できない。これが独特の**統帥権**（とうすいけん）であって、天皇の命令しか聞かなくてよい軍人たちがエスカレートして軍閥の横暴を許すことになった。

政府の行政機関としては陸軍省と海軍省があるが、陸海軍大臣の権限は人事・予算・装備などに限られ、軍の活動する作戦計画や動員計画は別の機関、つまり陸軍は**参謀本部**、海軍は**軍令部**が担当した。

その長、陸軍の**参謀総長**や海軍の**軍令部総長**は他の要職、陸海軍大臣や軍司令官、師団長・艦隊司令長官・鎮守府長官などの職と同じように、直接天皇に任命される**親補職**（しんぽしょく）である。

王や皇帝が軍の司令官として作戦を指揮することは、かつてはあたりまえのことであったが、軍の行政と作戦を別々に独立させ、いずれも天皇一人が統轄するシステムは近代国家の軍制では珍しい。統帥権、つまり軍の指揮権をなぜ政府の手に委ねなかったかは明治史の謎であり、帝国憲法の草案をつくった者が苦慮した点であろう。

徳川幕府解体の直後で、徳川勢力の復活を恐れたためかもしれないし、山県有朋をボスとする長州閥による私兵化を懸念したことも考えられる。あるいはもっと単純に、国民の忠誠度や能力を信用していなかったのかもしれない。

形式的には天皇の名による作戦命令の下令であるが、天皇がいちいち作戦を考えたわけではない。参謀本部や軍令部の作戦参謀がつくった案を参謀総長や軍令部総長が承認し、宮中の**侍従武官**の手によって天皇の決裁をあおぎ、改めて参謀総長・軍令部総長の名で部隊に命令を下す、という手続きとなる。そして天皇はこれら上奏された作戦案には原則として異議をはさまず黙って署名押印して裁可する、というのが明治以来の立憲君主のならわしであった。

ところが、いざ戦争に突入すると陸海軍が別々に動いていては、それこそいくさにならないので、戦時に限って陸の参謀本部と海の軍令部とを一本化した。この有機体が大本営であり、日清戦争直前の明治二六（一八九三）年に設けられたのが最初である。

日清戦争は維新後はじめての対外戦争であり、当時の清国は「眠れる獅子」と呼ばれてその底力を恐れられていた。

開戦となると明治天皇はみずから大本営を少しでも大陸の戦場に近い広島城内の第五師団に移し、一年弱の戦時期間は作戦室の簡易ベッドに寝泊まりして、幕僚たちと一体になって働いた。

米国の初代大統領ワシントンもテントの中の折りたたみベッドで独立戦争の作戦指揮をしたが、文字どおりの陣頭指揮であった。戦争が勝利に終わると大本営は退いて京都へ、そしてやがて東京へ帰還する。

このあと日露戦争・世界大戦とつづき、そのつど大本営が組織され解散したが、その位置は二度と東京から動くことはなかった。

大本営が設けられて一本化されると、陸軍参謀本部と海軍軍令部はそれぞれ大本営の巨大な組織に組み込まれて、参謀たちは**大本営参謀**となる。そしてここから発令される命令はそれぞれ**大陸命**（だいりくめい）・**大海令**（だいかいれい）と略して呼ばれた絶対的な戦略命令であった。

戦時中は戦争の進み具合、戦況を国民に知らせるために大本営の中にPRセクションである**大本営報道部**を置き、時おり解説を加えながら発表した。これが悪名高い**大本営発表**である。

勝利のときには景気のよいニュースが『軍艦マーチ』のメロディとともに流れ、**玉砕**など敗戦のニュースは重苦しく荘重な『**海行かば**』に乗って国民の気分をますます重苦しいものにした。

太平洋戦争での大本営発表は、四五か月の戦争中に八四六回行なわれた。

その第一号は、昭和一六年一二月八日早朝の大本営海軍部発表の「帝国海軍は本八日未明、ハワイ方面米国艦隊ならびに航空兵力に対する決死的大空襲を敢行せり」であり、戦争の最終号は昭和二〇年八月二六日の「本二六日以降実施予定の連合国軍隊第一次進駐日程中、連合国艦隊の相模湾入港以外はそれぞれ四八時間、延期せられたり」であった。

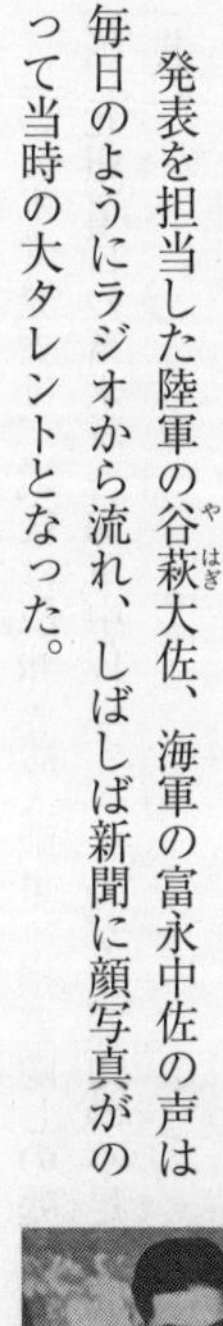

発表を担当した陸軍の谷萩（やはぎ）大佐、海軍の富永中佐の声は毎日のようにラジオから流れ、しばしば新聞に顔写真がのって当時の大タレントとなった。

昭和19年、ラジオで大本営発表を行なう海軍報道部

この大本営発表は、戦後は誤報・誇大戦果・損害隠しの嘘の代名詞のようにいわれてきたが、元報道官の富永謙吾海軍中佐はすべてわが情報力の不足が原因であったと述懐している。（共）（↓参謀1）

鎮守府【ちんじゅふ】 明治のはじめ陸軍に**鎮台**、海軍にこの鎮守府が設けられたが、鎮守の森や鎮西八郎（源為朝）などとともにいかにも古めかしい言葉である。

明治の官制は平安時代に戻って太政大臣や左大臣・右大臣などをリバイバルさせたが、これもその一つであろう。鎮は鎮定や鎮火のように災害をしずめ国や村の安定を守る意味があり、軍の**ラッパ譜**にも儀式用の『**国の鎮め**』という曲がある。

海軍基地の防衛、艦艇の整備、水兵の教育を受けもつ**軍港**の施設のことだが、古臭い日本語よりも英語のNAVAL STATIONのほうが通りがよいのではあるまいか。

明治九（一八七六）年に海軍区を東海・西海の二つに分け、横浜と長崎にそれぞれ鎮守府を設けたのがスタートで、その後、横須賀・呉・佐世保・舞鶴・室蘭の五海軍区となり、日露戦争後に占領地の旅順を加え、結局は横須賀・呉・佐世保・舞鶴の四大鎮守府に落ち着いた。略称はヨコチン、クレチン、サチン、マイチンである。

これによって、すべての帝国海軍の艦艇と下士官・兵は、この中のどれかの鎮守府に在籍するようになっているから船と軍人の本籍地ともいえよう。士官は別に海軍省の人事局に籍をもち各地を転任する。

この本籍地はそれぞれ関東・東北人、関西・北陸人、中国・四国人、九州人のブロックで成り立ち、それぞれに気風や習慣・言語まで、まるで違った鎮守府気質（かたぎ）があった。いずれも夜郎自大のライバルのようなものだったから、酒でも入ると軍港の町でヨコチンとサチンの大乱闘が起こったりする。

この鎮守府の一ランク下は要港部になり、小規模の海軍基地で大湊、台湾の馬公、朝鮮の鎮海、満州（現中国東北部）の旅順などにあり、昭和一六（一九四一）年の開戦後は、数も増やして「警備府」という名称に変った。

鎮守府のボスは天皇が直接に任命した海軍中将または大将で、二・二六事件のときのような戒厳令下には独断で兵力を動かす権限ももち、艦隊司令官またはそれ以上の要職であった。重要なポストであるから、後に海軍大臣や連合艦隊司令長官になったエリートはたいていこのポストを通過している。

鎮守府の組織は巨大であり、その配下の軍人軍属も膨大な数にのぼるが、参考のために現在の海上自衛隊と比べてみよう。

〔海軍〕	〔海上自衛隊〕
鎮守府司令長官	地方総監
海軍人事部	海上幕僚監部人事教育課（幹部）
海軍港務部	警備隊・基地業務隊

海軍防備隊（警備）　防備隊・基地隊・地方警務隊
海軍工廠（造艦修理）　造修補給所
海軍経理部　経理部
海軍軍需部（補給）　造修補給所
海軍艦船部（保存整備）　造修補給所
海軍病院　地方病院
海軍建設部（建設土木）　基地業務隊
海軍刑務所　なし
海軍望楼（見張所）　警備隊
海軍無線電信所　通信隊
海兵団（水兵教育）　教育隊
陸戦隊　警備隊

横鎮と呉鎮はそれぞれ東西の横綱格であり、その周辺には各種の専門教育の術科学校があった。また横須賀には海軍航空廠、呉には海軍燃料廠がそれぞれあった。

たとえば関東出身の若者が徴兵検査をへて海軍に入ると、まず横須賀海兵団に入団して厳しい新兵教育を受ける。志願兵ならば横志、徴兵ならば横徴の頭文字の下に兵科と個有の番号が入り、たとえば整備兵ならば、昭和一五年・横志整一二三四五番となる。

海兵団を出ると、平時は三年間の兵役に服することになるが、配属先の艦隊や部隊には鬼の古兵が手ぐすねひいて新兵たちを待ち構えている。

船が横須賀に入港すると、休日と同意語の**上陸**となり、海軍下宿で休養して夜の町に遊びに出る。

鎮守府は母港であり、元海軍軍人ならばだれにとっても無限の響きをもっているであろう。

(→鎮台1・海兵団4)

(海)

鎮台【ちんだい】

維新戦争が官軍の大勝利で終わったあと、その主力となった薩長土肥の藩兵部隊は、さっさとそれぞれの国もとに帰ってしまった。

新政府がまずやらなければならなかったのが、その治安の空白を埋める軍事力の創設であった。それまでの官軍はいわば野戦軍であったから要所に一大根拠地を築き、そこに徴兵された国軍部隊を結集して目を光らせなければならなかった。

その根拠地となったのが新たに創設された鎮台であり、その司令部は維新後もとり壊さずに残した各地の城の中に置いた。

まず、会津戦争後なお残存する東北諸藩の親幕府勢力ににらみを利かせるために、仙台の青葉城に「**東山道鎮台**」を置き、ついで新政府の基盤となった薩摩・長州への防衛線として九州小倉城に「**西海道鎮台**」を置いた。

いずれも独立守備隊的な性格をもった小部隊だが、明治の初年にはその程度の兵力しかなかったのである。

もっとも、鎮台の名づけ親は明治政府でなく徳川幕府で元治元（一八六四）年には江戸鎮台、大和鎮台、大阪鎮台などがすでにあった。

ただ幕府の鎮台は軍隊というよりも治安警察的性格のもので、武装代官所か現在の警察の機動隊のようなものである。

明治五（一八七二）年に全国的に徴兵令が発せられると、政府軍兵士の供給が楽になってきたので、鎮台の数も東京・大阪・鎮西（小倉）・東北（仙台）と増えた。東京鎮台（司令部―皇居北の丸）の分営は新潟県の新発田に一大隊を置いて、相変わらず会津をにらんでいた。

つづいて明治八年から二一年にかけて、しだいに増強整備して七軍管区六鎮台制となった。

これがのちにつづく軍管区と師団となる。

第一軍管区―**東京鎮台**（千代田城＝皇居）分営―佐倉・高崎
第二軍管区―**仙台鎮台**（青葉城＝仙台城）分営―青森
第三軍管区―**名古屋鎮台**（名古屋城）分営―金沢
第四軍管区―**大阪鎮台**（大阪城）分営―大津・姫路
第五軍管区―**広島鎮台**（鯉城＝広島城）分営―丸亀
第六軍管区―**熊本鎮台**（熊本城）分営―小倉
第七軍管区―**北海道**（計画のみ）

それぞれの鎮台守備兵は五〇〇〇～一万五〇〇〇人、総兵力は歩兵一六連隊、騎兵二大隊、砲兵七大隊、工兵三大隊、合計五万四〇〇〇人が新生日本陸軍の全兵力であった。

陸軍のこの鎮台も、海軍の鎮守府も文字どおりその任務は国を鎮める治安軍で、このころには外戦の意志も実力もない。城を根拠地としている点は要塞守備隊でもあった。

鎮台兵の唯一の実戦歴は明治一〇（一八七七）年の西郷隆盛らとの間の戦闘―西南戦争―である。西郷軍は維新戦争を戦い抜いたプロの旧武士集団であったが、鎮台兵は士族出身は幹部将校だけで、下士官・兵は農民・町人出身の実力不明の徴兵であった。

熊本鎮台の司令官の谷干城（たにたてき）もその力を疑って徹底的な籠城戦術をとる。結局、圧倒的な兵員・兵器の差で官軍優利となると鎮台兵はがぜん元気となり、各所で目ざましい働きをした。〽鎮台兵がさむらいならば、蝶々とんぼも鳥のうち――と馬鹿にされていたが、その声も小さくなり、期待どおり国を鎮（しず）め明治陸軍は力に自信をもつようになった。

やがて明治初年兵力増強とともに戦略単位の師団が生まれて鎮台の名は消滅した。（陸）

（↓鎮守府1）

通称号【つうしょうごう】　戦後しばらくの間、帰って来ない息子や夫の安否を尋（たず）ねて、家族が復員省（陸・海軍省の後身）の窓口を訪れる姿が目立った。復員省が解消したあと、尋ね人の窓口は厚生省の引揚（ひきあげ）援護局に受けつがれる。

家族が差し出すただ一つの手がかりの軍事郵便には「満州派遣玉五九一四部隊鈴木隊」などと書いてあるが、家族には何のことやら判らない。

係官が分厚い原簿をめくって、それが東京・赤坂を編成地として海を渡った歩兵第一連隊であり、フィリピンのレイテ島で非運に倒れたことを知らされる。この〝玉〟が師団や旅団につけられた「**兵団文字符**」、つづく数字が「**通称番号**」で連隊や大隊を表わし、合わせて通称号となる。**通称符・秘匿名**(ひとくめい)ともいわれる。

満州事変までは戦地の部隊は正式名で呼ばれていたが、昭和一二（一九三七）年の日中戦争に入ると秘密を守る防諜上、外地の部隊については特別な名称で呼ぶことになった。師団や連隊と書けば兵力や編成規模がわかってしまうから**軍**以上は**集団**、**師団**・**旅団**は**兵団**、**連隊**・**大隊**は**部隊**、**中隊**・**小隊**は**隊**と称することになる。もう一つ、固有の師団・連隊番号が判ると、その編成地から兵の気質や編成・装備が知られ作戦上不利なため番号を消してその指揮官の姓をつけた。

たとえば第一師団長の姓が鈴木、第一連隊長が小林、第一中隊長が田中ならば「鈴木兵団、小林部隊、田中隊」などとする。しかし、やがて戦争が長びいて指揮官が転任や戦死で代変わりすると、しばしば隊名も変えねばならず混乱も出てきた。

そこで、昭和一五（一九四〇）年に考えだされたのが、このきわめて日本的な通称号システムである。最初のうちは方面軍に甲・森・統、軍に乙・城・桜、師団に隅・玉・菊など選ばれた一つの漢字を使っていたが、戦争後半の大動員で陸軍がふくれると、一字では行きづまり二つの漢字を用いるようになった。それでも最初のうちは、鐘馗(しょうき)とか真心とかの、それらしい語を名づけていたが、本土決戦時になると護北・護西・護南など、かなり雑駁(ざつばく)になってくる。

もともと秘匿名は部隊の身元を知られないための命名なのだが、よく見ると中には皇居を守る近衛師団の官、大阪第四師団の淀、広島から来た第五師団の鯉などや、二字名でも金沢編成の第一五二師団の護沢や弘前の第二二二師団の八甲など〝頭かくして尻かくさず〟の例もある。戦車第四師団の鋼（はがね）や、第三飛行師団の隼などは一発でそれが機甲部隊や航空部隊であることが想像できる。漢字への思い入れからきたものであろうか。

内地の防衛を任務とし兵員の補充を担当した連隊の通称号は別に、北部軍・東部軍・中部軍・西部軍の管轄別にナンバーをふって、たとえば東京の近衛歩兵第一連隊は「東部二」などと別建てとした。

生体実験で後世に悪名を残した「**関東軍防疫給水部**」俗称石井部隊の通称号は、関東軍直属の特殊部隊であるため、兵団文字符はなく**満州七三一部隊**であった。（陸）

停年【ていねん】　**徴兵**や**志願**で軍隊に入ってきた兵隊たちは、二年・三年の任期が過ぎるとお役御免となり**満期除隊**で故郷に帰っていくが、将校や下士官は一生ものの職業だから、公務員や会社員と同じように定年がある。

たとえば将校最高位の大将は親任官（天皇の直接任命）で六五歳、将校最下位の少尉が高等官八等で四五歳、下士官最下位の伍長は四〇歳が定年となっている。

人生わずか五〇年、三〇歳を過ぎた補充兵が老兵と見られた時代では、四〇歳の伍長はもう老人で使いものにならず、平均寿命から一五年もお釣りのくる大将は神様に近い。

平均寿命が八〇歳に近づいた今、自衛隊では将が六〇歳、三曹（伍長に相当）が五三歳となっている。上級管理職の若年化、下級管理職の老齢化とでもいえようか。

話を少々横道にそらして、昭和初期の日本軍といまの自衛隊の給与を比較してみると、次のとおり（自衛隊の給与は平成二十二年度の一号棒給より計算）。

旧軍大将（年俸）　六六〇〇円
将　（同）　八七一二〇〇〇円
二等兵　（月給）　九円
二士　（同）　一五九五〇〇円

物価差を千倍と見ても自衛官は高給取りだが、軍隊には目に見えない余禄が多く、いちがいにいえない。それよりも自衛隊の将が二士の八倍しか給料が高くないのに、旧軍の大将は二等兵の六〇倍の高給取りで大将の偉さがうかがえる。

さて、ここでいう〝停年〟はこの〝定年〟とは字も内容も異なっている。正確には「**進級実役停年**」といい、その階級から次の上級に進むのに必要な最少限の勤務年限である。これも中将四年、大尉四年、少尉一年などとあり、最低一年は少尉職を果たさないと中尉には進級できない。

平和な時代には軍隊も小規模で戦死者も少ないから、実役停年を過ぎてあまり進級にも恵まれずにいると予備役に回されて、学校の教師や田舎に帰って畑を耕し次のお召しを待つ身となる。

軍隊は指揮系統・階級序列のうるさいところで、いざ鎌倉となれば同じ階級でも上下の関係になるから、そのときにこの実役停年は大事な目安となった。

全陸軍将校の階級と任官年月を網羅して年一回陸軍省から出されたのが、部外秘の「**陸軍現役将校同相当官実停年名簿**」である。その階級の勤続年月の数、任官・昇進の日、職名・位階・勲等・爵位・年齢・陸士期番号が先任順にビシッと序列化され発行された。会社ならば社員名簿か人事資料のようなもので大したことはないが、これを見ると人事だけではなく、全陸軍の部隊編成から指揮系統まで一目瞭然なので秘密文書に入れられている。

終戦のとき、陸軍省、大本営をはじめ最前線の部隊にいたるまでこれらの秘密文書類は焼かれてしまい、残っている名簿も少なく研究家たちの悩みの種となっている。海軍でこれにあたるのは「**海軍高等武官名簿**」、のちの「**海軍士官名簿**」だが、これも現存するものは数少ない。（陸）

動員【どういん】　平和のときの軍隊は予算もかかるので、できるだけ小規模にして人員の定員割れもそのままにしている。

ところが、戦争が近づいたり事変が突発していざ鎌倉となると、軍隊は司令部からの**動員下令**（海軍は**出師準備**（すいし））で戦時体制となる。動員、即戦地への**出征**というわけではないが、一週間ほどの短い間に兵営も艦隊もパンパンふくれ上がる。

動員とは軍隊の人・物・金を戦闘向きにつくり上げることといえる。**召集令状**が家々に舞い込み、補充兵や予備役の兵がぞくぞくと兵営にかけつけ、平時一二〇人の一個中隊がアッという間に二五〇人にもなる。

兵隊は倉庫から出してきた新品の**一装**（第一軍装の略）の軍服に着替え、兵器・弾薬は営庭に山積みとなり、経理官は軍需品や食糧の買い出しに、軍医たちは医療品や薬の調達に飛び回る。

同じ班内でもお互いに初対面の**現役兵・予備役兵**、兵営の味も知らない未教育の**補充兵**がその日から生死を共にする**戦友**となる。

人と物が集まり部隊編成が発表されると動員完了で、あとは出動を待つばかりとなる。早いときには動員完了しだい戦地への出陣で、銃の射ち方も知らない未教育兵にとっては、タマの飛んでくる戦場が訓練場であった。（共）　（↓赤紙1・戦友下7）

当番兵・従兵【とうばんへい・じゅうへい】　当番という言葉は今でも学校の給食当番、掃除当番や町内会のお祭り当番など持ち回り輪番制の仕事という意味で使われているが、その下に兵の字が入ると意味合いが違う。

将校や士官について身の周りの世話などする兵で、上級の将校には一人ずつつき陸軍では当番兵、海軍では従兵となる。身の周りの世話とひと口でいってもたいへんで、軍服のブラシかけから長靴の手入れ修繕、食事のあげさげ、部屋の掃除、お茶出し、下着の洗濯から使い走りまで副官を助けて雑用いっさいをやる。

建軍のころはまだ封建制の名残りが強く、士族出身の将校につく平民出身の当番兵は家来か下僕のようなもので、乗馬の手入れや口取りから官舎の掃除、風呂たき、大工仕事から子守りまでやらせられた。奥さんが食事の手伝いや買物などをさせれば上官が二人になったようなものである。

いったん戦場に出ると私物を詰めた重い将校行李を担ぎ、飯盒で米を炊き破れた服をつくろったりするが、戦闘では護衛兵兼伝令と変わる。

主従関係が強かった日清・日露戦争のころには、主人の前に出て弾丸よけとなって戦死する当番兵や、負傷した当番兵を背負って野戦病院に届けた将校の戦場美談が多い。公私混同もはなはだしかったかわりにその面倒見もよく、除隊時には就職の世話から嫁の世話、結婚式の仲人まで務めたりもする。

今の自衛隊にも司令職室勤務の当番があり服装の手入れや雑用をするが、学校当番と同じ持ち回り制で、退勤時間がくると上官とは縁が切れて風呂たきや子守りは昔話になっている。

軍用和英辞典で当番を引くとORDERLY、これは普通の英和辞典で戻すと、伝令としか出てこない。（共）

特年兵【とくねんへい】

これは略称で、正式には「海軍特別年少兵」という。

戦車や通信・航空などの特殊な技術は長い教育期間がいるの

で、まだ頭の柔らかい少年のうちに採用して、卒業後は**下士官**に任官し軍の中堅とする目的の少年兵がある。

陸軍の**少年戦車兵**・**少年飛行兵**、海軍の**飛行予科練習生**など数多くあったが、その年齢は入校時一四、五歳であり、一六、七歳で卒業して戦場に行く少年兵である。

しかも特技兵科でもなく、**海兵団**を出ても下士官にもなれぬ海軍で最下級・最年少の兵士であった。

平時では一般の兵士は、徴兵で満二〇歳、志願で一七歳でなるから中学生が大学に入ったようなものだ。いよいよ人手が足りなくなった海軍が、昭和一六（一九四一）年、開戦直前の七月五日機密裏に始めた〝青田買い〟で、陸海軍で最年少の兵士であろう。

さすがに海軍でも一人前には扱えず、練習兵の名をつけて兵隊見習いとし英語・国語・数学などの基礎学科もあっていちおう優しく待遇したが、その他の**海兵団教育**は手抜きをせずにビジビシと海軍魂でしごかれ、練習兵たちは母親を懐しんでオイオイ泣いた。

海兵団を出て上等水兵に進級すればもう子供扱いはされず、艦隊で根拠地でもまれにもまれた。

三年間で生まれた特年兵の総数は一万六四〇〇人、その中の多くが生まれて六千日もたたないうちに「水漬く屍（みづくかばね）」となり、孤島で玉砕していった。死ぬ目的のために生まれてきたような少年たちであった。（海）

（→予科練4・海兵団4）

読法【どくほう】　軍隊や学校に入る**新兵**の誓約書のこと。全文で七条あり、上官に礼を尽くすこと、命令に従うこと、武勇を尚ぶことなど「**軍人勅諭**」と同じような箇条書きとなっているが、昔の兵隊は字の読めない者もいたため、隊長が読んで聞かせ新兵が誓約書に署名することになっていた。

誓文式といわれるこの儀式は、命令・服従という軍隊の基本的な規律を認識させるセレモニーだが、志願者も減りデモクラシーが流行してきた大正時代の中ごろには、この署名を拒否する者も多かった。

徴兵でありながら、全員丸刈り頭の中で長髪を伸ばし誓約書も拒否するつっぱり者もそのまま黙認していたこの時代の軍隊は、その後昭和に入って急激に絶対主義化した日本軍からみれば、信じられないような自由さがあったが、結局、昭和九年廃止となった。(陸)

特務機関【とくむきかん】　特別な任務をもったセクションといえば、会社の社長室や社長の特命事項を扱う部門のように思えるが、ひと味違う組織外の組織である。

戦時中、中国大陸で陸軍の特務機関として暗躍した大陸浪人や右翼がその闇資金を内地にもち帰って、戦後保守政治家に提供して陰の政治を操った。それが「特務機関あがり」とか「特務機関くずれ」とか呼ばれたことから、この言葉には何やらうさん臭さがつきまとう。

平和時の特務機関とは、官衙（かんが）（官庁）・学校・軍隊以外の機関を指し、陸海軍元帥の属する「**元帥府**」、天皇の軍事顧問団の「**軍事参議院**」、天皇に仕える「**侍従武官府**（じじゅうぶかんぶ）」、皇太子や皇族のお付き武官、外国に派遣される駐在武官や留学生がこれにあたり、いずれも名誉ある存在であった。

しかし、一般に特務機関として有名になっているのはこれらとはまったく異なった存在で、大正七（一九一八）年の**シベリア出兵**のとき、シベリア派遣軍司令部付となって情報の収集や謀略工作を行なった機関がこう呼ばれたことから始まった。

任務は「統帥範囲外の軍事外交と情報収集」で、もともとは軍事外交や情報の収集は軍の情報部や情報参謀の仕事だが、性格上あまり表向きにできず、ときには正規の組織ではできない〝統帥範囲外〟の陰の仕事を請負ったグループと考えてよい。特務機関長はもちろん陸軍将校だが、配下には軍人のほか、日本人や現地人の民間人が使われ将軍のお庭番のような存在であった。

情報活動を重くみたロシア軍やドイツ軍にはすでにこの種の組織があり、名前もロシア軍の「ウオエンナヤ・ミシシャ」を意訳したものといわれている。

日露戦争後の満州（現中国東北部）は、まさにこの情報謀略線の中心舞台で、昭和五（一九三〇）年の張作霖将軍の爆殺に始まる満州事変から満州帝国建国にいたる一連の関東軍による謀略工作も、その特務機関がプロモーターであった。奉天機関長に土肥原賢二大佐、ハイラル機関長に橋本欣五郎中佐など満州事変の立役者の名が見え、やがてこれらは関東軍情報部に昇格する。終戦のときの部長も、謀略専門の「**陸軍中野学校**」を創設した秋草俊少佐であった。

満州事変のあとは中国大陸に特務機関がぞくぞく設けられ、大公使館や軍を根城に和平工作や逆に戦争拡大工作、経済攪乱（かくらん）、地方軍閥との外交折衝、スパイ活動など軍作戦の裏舞台を支えた。なかには贋造（がんぞう）紙幣をばら撒（ま）いたり、アヘンを売った資金で物資を調達したりする闇仕事もあり、これらの金が戦後の政界工作の資金になったという噂もささやかれた。

太平洋戦争でも中野学校の出身者が次つぎと南方軍に配置され、シンガポール要塞の攻略戦では数万のインド兵を投降させ、祖国解放を旗印にして新しいインド国民軍をつくった**藤原機関**など大仕事をした特務機関もあった。（陸）（↓中野学校4）

特務士官【とくむしかん】

徳川時代は武士と百姓・町人の間に厳然たる区別のある階級社会であり、武士の間にも上士・下士・足軽、城勤めをしない郷士などの区別が設けられていた。

文明開化の時代に入って、四民平等の政策から武士の息子でなくても軍人になれる時代とはなったが、その士官階級のなかにもはっきりとした差別が残された。陸軍の**特進将校**、海軍の**特務士官**がそれである。

海軍士官になるには旧制中学校から兵学校・機関学校・経理学校などに入り、そこを卒業して現役士官に任官するのが最もオーソドックスである。

戦争に入ると、幹部不足を埋めるために大学や高等専門学校出を大量に採用して間に合わせるが、商船学校出と同じく予備士官の身分であり、戦争が片づけばお払い箱となって民間人に戻っていく。

特務士官はそのどちらでもなく、兵隊から一段ずつ階段を登りつめ、兵曹・兵曹長という下士官をへて士官となった「たたきあげ」である。スタートラインが違っただけで、それまでにはおそろしく長い時間がかかり、兵学校出が四年でなれる大尉まで三〇年もかかったりする。それも中・少尉がほとんどで、せいぜい大尉でストップ。膨大にふくれあがった戦争末期でも、少佐がチラホラといった稀少性があった。

兵隊から選抜のうえに選抜され、さらに長い年月をかけてあるから腕前は抜群、人格も高潔で部下には絶大な信望があり、兵学校出の少・中尉など足もとにも寄れない強力な存在であった。

彼らは普通の兵科・機関科上がりであり、仕事も現役の各科士官と同じで、特務士官の特務は明らかに差別する用語で特別勤務をするわけではない。

たとえ数十年の経験をもつベテランであっても、武士でいえば下士だから、どこまで上がってもこの差別から抜けられない。艦内の生活でもたとえば部屋も現役士官とは別、服装も肩章も金線が細く袖章（そでしょう）にも差別を表わす桜の花がついている。

戦争が終わったあとも海兵出身者のような同期会はなく、特務士官出身者の集りとして

「海交会」という名の親睦団体をつくっている。

貴族国家のイギリス海軍を手本にしただけに、階級性は陸軍よりも海軍のほうが強かったのではあるまいか。

日本海軍の真の担(にな)い手は、特務士官と下士官であったと胸を張る人もいる。(海)

武官【ぶかん】

今でこそ公務員は公僕ともいわれ国民にサービスする立場だが、つい半世紀前までの日本は極端な官尊民卑(かんそんみんぴ)の国であった。官という国家楼閣に属する役人、天皇の官吏は国民の上に位置し、官と民とは上下関係をもつ階級であった。大本営の発表にも「官民一体となり敢闘せり」などの文句があり、明治以後も官は武士であり民はその他の人々であった。

この天皇の官吏が二分されて一般の役人が文官、軍人が武官で「文武百官」という表現になる。

いま自衛隊は文民統制(CIVILIAN CONTROL)されているが、これは昔流にいえば軍閥の独走を防止するために政府の文官による武官・軍人のコントロールなのだが、武官も軍隊も軍人も公認されていないまま、何が何を統制するのかよくわからず、「背広組による制服組の統制」などという表現でお茶を濁している。

軍隊は天皇の軍隊であったが、兵隊は武官ではなく、ただの国民であった。下士官の最下級の**伍長**になって、初めて判任官という武官に任官する。さらに将校になると高等官となる。

武官の高等官は少尉の高等官八等から大将の高等官一等まであり、これは奏任官と勅任官に分かれ、更に勅任官は天皇が直接任命する親任官が最高位となる。軍属などの文官高等官のいた軍施設の食堂や風呂は、将校食堂ではなく高等官食堂や浴場であり、何もかも特別扱いであった。

将校・下士官はすべて武官であるが、とくに天皇に仕えて宮中で軍部との取り次ぎをする侍従武官、各国の大・公使館に勤務する駐在武官、他国の戦争を視察する観戦武官など、とくに武官の名をつけた役職もあった。

天皇の武官には恩給や遺族手当などのように退役軍人や戦死者には手厚く保護されていたが、官でない兵士たちの遺族は、少ない戦時遺族手当で生活に苦しんだ。(共)

陸軍始め【りくぐんはじめ】

事始は新しい仕事の始まりだが、「おことはじめ」となるとその年の農業の始まりの日で、一年最後の農業の終わりの日は「おことおさめ」となる。

今でも慣習として一月の皇室の歌会始の儀や年末の官庁の御用納めなどにその名残りが残っているが、この陸軍始めも陸軍の仕事始めの日である。

明治三(一八七〇)年の一月一七日、明治天皇は皇居本丸跡に武神を祀って国運と武運が盛んになるよう祈った。廃藩置県が実施されて陸軍組織のベースとなる鎮台が置かれるのは翌年のことで、手元には各藩から出されたわずかな御親兵が固めるだけだったので、さぞ心細く神に祈りたい気持ちも当然であろう。この軍神祭は、やがて「講武式」と名を改め、さらに陸軍始め・海軍始めと分かれて祭典につづいて天皇出席の**観兵式**（閲兵・分列パレード）や洋上での**観艦式**が行なわれるようになった。

観兵式は、この日のほかにも毎年三月十日の「**陸軍記念日**」（日露戦争・奉天会戦の日）や、勝利を祝う凱旋（がいせん）式、紀元二六〇〇年（一九四〇・昭和一五）祝賀などの大イベントのときも行なわれたので、やがて祭典も廃止され日付けも一月八日に変わった陸軍始めは、新春観兵式の代名詞のようになった。

海軍始めも陸軍始めに遅れて明治五（一七七二）年一月九日に設けられたが、六年後には名前も行事もなくなり、今では天皇の姿のない海上自衛隊の観艦式だけが残されている。

（陸）　（↓観兵式1）

旅団【りょだん】

日本軍にあって初期の自衛隊にないものなーに？　というナゾナゾには軍旗・歩兵・大将・営倉などいろいろな答えが出てくるが、この旅団もその一つ。

日本をはじめ各国陸軍の構成単位はだいたい、**師団**―**旅団**―**連隊**―**大隊**―**中隊**―**小隊**というふうに細分化され自衛隊もほぼ同じだが、旅団だけが抜け落ちていた。

漢字の「旅」は旅行のほかにも軍事用語で兵隊五百人の称というのもあり、転じて軍隊の総称にもなっている。中国には古くから、師―旅―営の単位があったが、明治陸軍は師と旅を借用し営を連隊として構成した。

明治五（一八七二）年、全国に六つの**鎮台**が置かれて歩兵連隊や砲兵隊・工兵隊ができたが師団も旅団もまだない。初めて生まれたのは明治十（一八七七）年の西南戦争のときである。

軍制史家の松下芳男氏によると、このときの旅団は一つの戦略単位として師団に相当する大きな兵力であったが、次つぎにつくられた編成規模はちぐはぐで、大きい旅団は七、八千人、小さい旅団は二、三千人、なかには軍旗だけ一人前の半小隊の見せかけ旅団もあったという。

やがて鎮台が師団と名を変えると歩兵二個連隊で**歩兵旅団**を設け、二個歩兵旅団と・砲兵・工兵・騎兵大隊などをつけて独立して戦略単位となった。その後、**騎兵旅団**や**混成旅団**、**独立混成旅団**（独混）などが生まれるが、太平洋戦争の最中に師団改変で三個歩兵連隊制となると歩兵旅団は**歩兵団**と名を変えてなくなった。

日本軍の歩兵旅団と、規模が小さくなった陸上自衛隊の師団とはほぼ同じような兵力と言われたが、いま世界的な軍縮ムードのなかで師団を格下げして旅団になった。これで半世紀ぶりにまた旅団が誕生したことになる。（陸）　（↓鎮台1・独混2）

連隊区【れんたいく】　**師管**と一対をなす用語で、師団の下に連隊があるように師団管区の下に連隊区がある。師管は各地方を師団単位に府・県をくくって組み込んであるが、その下部機構の連隊区は県や市・区・郡別に小区分される。

明治の建軍以来、日本陸海軍は大部分を徴兵制度、一部を志願制で兵員をまかなっていたが、この師団管区、連隊区の目的は全国から徴兵するためのメカニズムであった。

また例を東京に司令部のある第一師管にとると、この師管はさらに麻布・本郷・甲府・千葉の四つの連隊区に分かれる。

麻布連隊区は東京市西部、多摩の市・郡・島嶼と埼玉県南部からなり、ここから集められた若者は赤坂の歩兵第一連隊（旧防衛庁）に入隊する。

本郷連隊区は東京府の東部と埼玉県の北部からなり、青山の歩兵第三連隊に入隊する。

甲府連隊区は山梨県と神奈川県からなり、甲府の歩兵第四九連隊に入隊する。

千葉連隊区は千葉県全県で、佐倉の第五七歩兵連隊に入隊する。この時代には朝鮮半島の人民は日本帝国の臣民ではあったが、徴兵の義務はなかったから朝鮮の師管には連隊区はない。

現在の自衛隊は志願制だが、この募集は各地の**地方連絡部**―**地連**で行なっているから、この地連の区画割りが連隊区と似通っている。

具体的にいえば、東京都日本橋区（現中央区）に本籍をもつ青年は満二〇歳になると、日本のどこに住んでいても本郷連隊区司令官から通知が届き、徴兵検査を命ぜられて指定の検査場に行く。戦争になると突然、連隊区司令官の名で舞い込んでくる**召集令状**（**赤紙**）で歩兵第一連隊に入隊し、同連隊長の指揮下に入るわけだ。

いわば連隊区は兵士の苗代(なわしろ)ともいうべき存在で、連隊が外地に出動したあとも残って兵士を徴集し供給しつづける。

人生五〇年の時代に、日本の男子は満四〇歳の国民兵役の義務が終わるまでは、自分の出生地の連隊区から逃げられなかった。(陸)(→師管1・赤紙1)

露探・独探【ろたん・どくたん】

身なりを変えて敵陣にのり込み、軍事機密を探るスパイを昔は**軍事探偵**と称した。

日露戦争(一九〇四～)では日本・ロシアの両軍からそれぞれ数多くの軍事探偵が放たれたが、その露西亜(ロシア)側の軍事探偵が略して露探となる。つづいて大正三(一九一四)年の第一次世界大戦では、中国租借地の青島(チンタオ)軍港や南洋群島の争奪をめぐってドイツ帝国と戦うことになるが、このときも日本内地でドイツスパイが暗躍し独探となる。

そのころの兵語辞典を見ると、「ロシアのために便宜をはかり、間諜行為をなしてロシアに有力な情報を送り、わが国にまぎれ込んで愚民を煽動(せんどう)して騒動を起こさしめ、人民を買収して艦船を爆発沈没せしむるなど、ロシアの犬となれる内外人をいう」とまるで悪者扱いだ。なかには現地人で金目当てに雇われるスパイもいたが、敵味方とも多くは愛国心に満ちた志願者が軍事探偵となって、ある者は成功し、ある者は失敗して命を落とした。

日露戦争中、スウェーデンに駐在していた明石元二郎大佐は、反政府革命勢力に資金と武器を提供してロシア国内を攪乱した功績でのちに陸軍大将まで出世した。また、中国人に変装して行動中に捕えられ銃殺された沖禎介・横川省三の二人組の軍事探偵は戦後英雄として讃えられている。

反対に太平洋戦争の直前、近衛文麿首相の側近となり重要な国家機密をソビエトロシアに流していた新聞記者・尾崎秀実(ほつみ)は露探・国賊として処刑されたが、戦後は一転して悲運の革命家・平和愛好家となった。（民）

2. 兵科・部隊

鞍工（陸）
衛兵（共）
関東軍（陸）
禁衛府（陸）
銀輪部隊（陸）
軍楽隊（共）
憲兵（共）
工兵（陸）
行李（陸）
御親兵（陸）
近衛（陸）
御用船（共）
輜重兵（陸）
白襷隊（陸）
空の神兵（共）
段列（陸）
挺進隊（陸）
督戦隊（陸）
独立守備隊（陸）
特攻隊（共）
独混（陸）
屯田兵（陸）
女兵（陸）
兵站（陸）
兵団（陸）
歩兵（陸）
ヨーチン（陸）
陸戦隊（海）
連合艦隊（海）

ている。

鞍工【あんこう】

軍隊は独立して戦うため自給自足が建て前である。そこで人馬の衣食住から兵器や装具の修理修繕まですべて自前でまかなうことになっている。

徴兵制の利点の一つに娑婆（しゃば）（世間）の職業を兵隊になって生かせる点がある。馬に馴れている農村出身者は砲兵や輜重兵（しちょうへい）に回され、機械の扱える工場出身者は戦車や航空機の整備に向けられたりする。料理屋の板前や床屋だったりすると大いに重宝がられるけれども、これはいわば裏芸で兵隊の特技はまた別なところにある。

新兵となって入営すると、それぞれ兵科別の基礎教育が仕込まれるが、それとは別に選ばれて特技教育もほどこされる。喇叭（ラッパ）手・通信手・運転手などもあるが、工場に入って被服や兵器・装具の修理技術を身につける兵もいる。このとき、経験者はすぐに戦力となり未経験者は見習工から始める。

ここで例にあげた鞍工は鞍（くら）を作り修理する特技を身につけた兵隊のことをいう。軍用の車輌がまだゆき渡らなかった日本陸軍では軍馬を最後まで使い、将校や騎兵の乗る乗馬、砲を引く輓馬（ばんば）、荷を乗せる駄馬は兵器と同じように大切に扱われ、その背中の軍隊用の鞍「軍（ぐん）鞍（あん）」も重要な装具であった。だから馬を扱う兵科には鞍工がいるわけだ。

この特技は階級として「**陸軍武官官等表**」のなかに現われ、明治のころには下士官に一等鞍工長とか二等鞍工長とかもあった。兵の場合には砲兵二等兵特技鞍工となる。明治八（一

八七五）年の官等表のなかにはじめて現われ、昭和一五（一九四〇）年の勅令改正で表から
なくなるまで移り変わりがあるが、次のような工種が見られる。

縫工……被服の製作・修理を行ない、はじめは各兵科にあったが、のち経理部に所属する。

靴工……靴類の製作・修理、右に同じ。

蹄鉄工（ていてつ）……軍馬の蹄鉄を製作・修理し、騎兵科・砲兵科・輜重兵科にある。

木工……木製品を扱い、はじめ砲兵科のち工兵科に移る。

機工……機械類を扱い、工兵科にある。

電工……電気関係を扱い、右に同じ。

砲兵科は機甲部隊ができるまではもっとも重装備であり、メカの集団だったのでさまざまの特技教育があり、鞍工も各科からここに集約されている。ほかに弾薬・火薬を扱う「火工」、銃砲修理の「銃工」、鍛造技術の「鍛工」、鋳造技術の「鋳工」など幅広い。

いまの自衛隊でも同じことだが、こうして強制的に教育された特技は除隊して娑婆に戻ったときに身について生活の手段となることが多い。軍隊には職業訓練所の一面もある。

大ぜいの兵隊のなかには、入営前の職業が軍隊に入って歓迎される裏芸となり、除隊・復員してからは、今度はその軍隊経験を表芸に生かして活躍した達者な人も多い。落語家の柳家金語楼、柳家小さん、春風亭柳昇師匠らは、いずれも陸軍に入ると演芸会の人気者となり、内務班でも「エーお古いところで一席……」とやらされた。

軍隊ではそれなりにしごかれたはずだが、復員すると軍隊生活を材料にまた一席。金語楼は「兵隊落語」という新しいジャンルを開いて「陸軍二等兵ヤマシタケイタロウ」などの新作を発表して大当たりした。小さんは「二・二六事件」に出動した回顧録を世に出し、機関銃分隊長で歴戦した柳昇も「陸軍落語兵」シリーズを書いてお客さんを笑わせた。（陸）

衛兵【えいへい】 古くは王や皇帝のいる宮中をガードする兵士のことで、わが国にも天皇を守る「衛士（えじ）」の制度があった。

軍隊ができると師団長などのVIPを護衛したり、兵営などの施設を守備する兵まで衛兵と呼ばれるようになったが、「番兵」というのはその俗称である。

軍隊そのものはどこの国でも閉鎖的で、外からの侵入者を防いだり、隊内からの脱走者を見張るために各地に衛兵を配置し、兵営の門のそばにある溜り場が衛兵所である。この衛兵所には長として下士官の衛兵司令があり、立哨などの勤務を待っている兵は控兵（ひかえへい）と呼ばれる。同じように連隊内で、連隊長よりも大切な軍旗を二四時間護衛しているのが**軍旗衛兵**また は旗護兵であり、兵隊たちが最も嫌がった衛兵勤務は、戦死者の遺体を守る「屍衛兵（しかばね）」であった。（共） （↓近衛2）

関東軍【かんとうぐん】 ある若者が「関東軍とは関東地方を守った軍隊ですか？」と尋ねたことがある。

関東とは、中世は都を守る鈴鹿・不破・愛発の三つの関、または逢坂の関から東の土地を指し、近世になっては箱根の関所から東の八州が関八州、続いて関東地方となって今に残っている。この首都東京を中心とする関東地方の防衛は日本軍では東部軍、今の陸上自衛隊では東部方面隊だが、東部軍の守った関東と関東軍の守った関東との間には東西一七〇〇キロのへだたりがある。

「いや違います。最初**関東州**の大連に司令部をおいた部隊で……」

「関東州って何ですか？」

「関東州とは**満州**の南端の遼東半島にあって……」

「満州ってどこですか？」

これでは話にならないから頭から説明をし直すしかない。受験重視の学校教育では近代史をはしょっているから、中国のほとんどの若者が知っている関東軍を日本の若者が知らないことになる。

ほぼ一世紀前の明治三七、八（一九〇四、五）年の**日露戦争**の結果、勝った日本は一二万人の戦死者、一三億円の戦費を代償としてさまざまの利権を手に入れた。樺太（現サハリン）南半分の領有をはじめ、ロシアが巨費をかけて築き上げたハルビンから大連に至る**南満州鉄道**その沿線の使用権に加えて、この関東洲の租借権がある。

中国東北部の満州平野から渤海に突出した遼東半島の南部は、中国本土の万里の長城の東の終点である山海関から海をへだててさらに東にあるため関東州と呼ばれた。この地にはこれまたロシア帝国が心血を注いで築きあげてきた商港都市の大連と軍港・要塞の都市旅順(りよじゅん)とがあり、いずれもアジア進出の一大拠点となっていた。

イギリスの香港、ドイツの青島(チンタオ)と同じように武力をバックに有無をいわせずにロシアが中国から借り上げた租借地である。民法の債権譲渡のように、当の中国の意志と関係なく肩替わりしたのは弱肉強食の帝国主義の時代とはいえ乱暴な話である。

外地に新しく権益が手に入ればそれを守るために軍隊を駐留させるのはこの時代の通例で、日清戦争後ソウルに朝鮮駐劄(ちゅうさつ)軍をおき、北清事変後に北清駐屯軍をおいたように、この関東州守備のため大正八（一九一九）年、軍隊を派遣してこれを関東軍と名づけた。大規模な軍隊の派遣は名目は権益の保護だが、永久に租借して返すつもりはないという意志表示でもある。

はじめ司令部を大連において兵力は二個師団約一万、任務は関東州と南満州鉄道の警備と権益・邦人の保護としたが、鉄道の沿線は長大で大小の守備隊が分散配置された。

ここまでは日露戦争の戦後処理で、規模も小さく性格も鉄道守備部隊のようなものだったが、おりからの中国内部の混沌とした政情に加えて、新しく誕生したソビエト連邦の北からの脅威に関東軍首脳の野心がからみ合ってみるみるうちに一大勢力に発展した。

大正元（一九一二）年、枯木のような清朝が倒れて中華民国が生まれたものの、中国内部は**国民政府**と**地方軍閥**政府、それに新たに**中国共産党**勢力が三つ巴(どもえ)となり、東北部の満州地方は政治の空白地帯となってきた。

張作霖をはじめとする強力な地方軍閥の動きや日増しに高まってくる反日感情、北と東の国境地帯におけるソ連軍の軍備増強などが一丸となって、中央から孤立している関東軍の危機感をつのらせていった。

これが最高潮に高まって暴発したのが昭和三（一九二八）年の張作霖の列車ごとの爆破、昭和六（一九三一）年の柳条湖（溝）における南満州鉄道の爆破をきっかけとする**「満州事変」**で、いずれも関東軍の参謀たちによる策謀とされている。

中国正規軍と**地方雑軍**を相手にした戦闘は一見突発的に見えたが、実は十分に準備された作戦で、わずか数か月の間に中国各軍は壊滅し全満州の支配権は関東軍司令官の手に握られた。とはいっても、そのままこの土地を日本の領有とするわけにもいかず、関東軍司令官が国王になれるはずもなかったから、部内の知恵者が北京にひっそり住んでいた清朝の最後の廃帝・宣統帝溥儀を担ぎ出した。溥儀は満州族を統一したヌルハチの子孫ということで皇帝とし、満州帝国として独立させ、司令部を新京（現瀋陽）に移した。

中国本土は漢民族、満州は清民族（満州族）の手でという狙いであったが、一つの出先部隊が一つの帝国をつくり出したことなどは希有のことであろう。

このあと、中国における反日運動はさらに激しくなり上海事変から日中戦争に拡大していくが、その間にも関東軍は北のソビエト軍と対時して軍拡をつづけ肥大化していった。

昭和一六（一九四一）年六月、おりからの第二次世界大戦に便乗して、この機にソビエトに進攻しようと企てられた大動員が、表向き**関東軍特殊演習**（**関特演**）と呼ばれた作戦である。このとき動員された兵力は一四個師団三五万人、最終目標八五万人、航空兵力は二個飛行集団一一〇〇機という一軍の規模としては陸軍最大のものとなった。

近代装備が完了した仮想敵国のソ連軍に北と東西の三方から囲まれたなかでの極寒猛暑の訓練も猛烈で、日本最強の軍隊の名をほしいままにした。海の連合艦隊とともに国民信望の双璧となり、〝太平洋の守りは連合艦隊〟〝北の守りは関東軍〟で定着する。

長い日中戦争の間、ソ連軍に拘束されて動こうにも動けなかった関東軍がただ一度だけ戦ったのが昭和一四（一九三九）年の春から夏にかけての西部国境紛争戦闘の「**ノモンハン事件**」である（その前年には、東部国境で**張鼓峰事件**が起きたが、これは朝鮮軍が戦っている）。一個師団の出兵に限定して新鋭ソビエト軍への武力示威のつもりの戦闘だったが、圧倒的に優勢な機械化部隊と航空勢力の前に壊滅し、戦死傷率六五パーセントの大惨敗に終わった。おりしもヨーロッパに第二次世界大戦が勃発したためソビエトが休戦に応じ、国境線も以前に戻されて辛うじて引き分けとなって面目を保ったが、連隊長級が次つぎと軍旗を焼いて自決し、事件後は軍司令官をはじめ参謀が更迭されるなど、あきらかな敗北で知らぬは国民ばかりであった。

遠く東京から離れて独立した武装勢力が、つねに独断で事を起こし、中央の統制を無視して満州事変、満州帝国、ノモンハン事件などで独走し、あとで政府や陸軍省の追認を受けるというのが関東軍の常套手段であった。

ＪＲがまだ国有鉄道だったころ、総評（日本労働組合総評議会）傘下の国鉄労組がはね上がって監督の旧運輸省はもちろん、国民の迷惑まで無視してストライキを強行、駅を占拠し勝手に〝人民電車〟などを動かしたことから「むかし関東軍、いま総評」などと非難を浴びたこともある。

太平洋戦争に突入すると南方戦線が最優先となり、中国戦線は第二戦線に、差し当たって敵のない関東軍は陸軍の総予備に変わってくる。防寒服を防暑服に着換えた精鋭師団の将兵たちは、次つぎに海を渡り南の島で玉砕していった。

終戦をわずか一〇日後にひかえた昭和二〇（一九四五）年八月六日、**日ソ中立条約**を無視して一五八万のソビエト軍が突如、全国境線を突破して進攻を開始した。このときの関東軍は、方面軍二、軍四、師団二三ほか総兵力六九万の大陣容であったが、実体は根幹となる精鋭主力を引き抜かれたあとの抜けがらで、ほとんどは二流編成師団や現地邦人をかき集めた召集兵から成り立っていた。

終戦を知らずに最後までがんばった部隊もあったが、圧倒的なソ連軍の機械化部隊・重砲部隊の前に次つぎと壊滅していった。頼みとする軍隊のバックを失った満州の各地では、とり残された在留邦人へのソ連兵の暴行、憎しみにあふれた現地民の暴動などが続発し、国是に沿って一家をあげて移住した**満蒙開拓団**などでは前途を悲観して集団自決が相次いだ。いまもなお未解決の**満州残留孤児**や**残留日本婦人**の悲劇は、このときの後遺症である。

筆舌に尽くせぬ苦難をなめた満州からの引き揚げ者のなかには〝民間人を置き去りにしてサッサと後退した〟関東軍への恨み節が根強いが、一方に乱戦のなかで死んでいった五万七〇〇〇人の戦死者、終戦のあともシベリアに抑留され寒さと餓えのなかで祖国を二度と見ることもなく病死した五万三〇〇〇人の関東軍将兵がいたことも忘れるわけにはいかない。

関東軍は日本陸軍のなかで栄光と悲惨の双方を一身に担った代名詞となるが、この点でも連合艦隊と軌を一にしている。（陸）　（→連合艦隊2）

禁衛府【きんえいふ】

禁衛府は、太平洋戦争が終わり日本陸海軍が徹底的に解体されたあと唯一残った軍隊で、知る人も少ない。

皇居に位置する天皇とその一族を護衛するのは明治の御親兵以来、伝統的に近衛師団の役目であったが、この部隊も一般師団と同じに解体・復員となったとき、皇室崇拝の念の強い陸軍部内に危機感が走り、ポツダム宣言に違反しても皇室護衛の武装集団を残そうとする努力がはらわれた。

近衛師団の一万五千人の将兵の中から志願の形で四千人を選抜して「特別皇宮警察隊」を新設し禁衛府と名づけた。皇居は平城・平安時代から禁裏とか禁闕と呼ばれ、近衛師団も禁闕勤務であったから、禁裏を衛る官庁として戦前の・宮内省や戦後の宮内庁と別な性格づけとした。

占領軍の手前、名前は警察隊としたが実体は軍隊で、軍服を黒く染め帽章の星を菊と桜葉に代えたものの幹部は軍刀を吊り、衛士隊の隊員は小銃・軽機関銃・重機関銃・擲弾筒・自動小銃・機関短銃を携帯し、皇室用の装甲護送車、それを守る最新式の装甲兵車、側車と呼ばれたオートバイなどを装備していた。

もともと近衛師団は全師団の中で被服・兵器とも最高級・最新鋭のものを配備されていたが、戦車や火砲などの重装備はないものの実質的に強力な歩兵旅団であった。

終戦後、天皇制をおびやかすと予測されたのは、天皇制の打倒を目指す共産主義革命と本土に進駐してきたマッカーサー元帥の率いる占領軍であったから、当の占領軍がこれを見逃すはずはなかった。

翌年の昭和二一（一九四六）年三月、連合軍対日理事会でその廃止を決定し、宮内庁の手によって自主解散させられた。創設から解散までわずか七か月、最後の日本陸軍であり、最後の近衛部隊であった。（↓近衛2）

（陸）

銀輪部隊【ぎんりんぶたい】　自転車部隊のこと。自転車のホイールが銀メッキで光り、いかにも軽快な感じで、開戦早々、マレー半島のゴム林を走る自転車乗車歩兵中隊の姿はニュース映画や劇映画で大いに宣伝さ

マレー半島を進撃する陸軍の「銀輪部隊」

れた。

自動貨車（トラック）や**自動二輪車**（オートバイ）の不足を補うため、国内に豊富にある自転車を軍用にすることは早くから考えられていた。開戦前年につくられた陸軍の『乗車部隊の行動』という小冊子にもその取り扱いが載っているが、実際に使われたのは昭和一六（一九四一）年のシンガポール攻略戦が最初で、大規模な利用もこれが最後であった。

そもそものヒントはナチス・ドイツ軍の自転車偵察小隊である。マレー半島は英軍の手で舗装道路が縦横に作られており、住民の中国華僑やマレー人が愛用し、修理や部品入手の容易なこと、パンクすれば林の中のゴムの木から補修用の生ゴムが簡単に手に入るなど条件にも恵まれ、小部隊の偵察や遊撃戦に絶好の兵器となった。

名前一つでいかめしい兵器が国民に親しみをあたえた例では、他に飛行機を**荒鷲**、戦車を**鉄牛**などのニックネームで呼んでいる。

時速七〇キロの現代の戦車に比べると、当時の最新鋭の九七式中戦車でも三八キロの速度だから義理にも鉄馬などの名はつけにくかったのだろう。初期の日本海軍でも小型潜水艦を**ドン亀**と呼んだが、一発くらえば乗員は鉄の兵器に閉じ込められたまま戦死するわけだから、「鉄の棺（ひつぎ）」と自嘲する者もいた。（陸）

軍楽隊【ぐんがくたい】

世界で最古の軍楽隊は一三世紀に生まれて、ペルシアから東欧・エジプト・モロッコまで席巻したオスマントルコの「メフテル・マリシュラリ（MEHTER MARSLARI）」軍楽隊といわれている。

勇壮なマーチに突撃の喚声がつづき、味方を勇みたたせ敵を脅かす曲が多く残されており、モーツアルトも〝これこそ音楽だ〟と賞めたたえて、『トルコ行進曲』を作曲した。イスタンブールの広場では、いまでもその頃の軍服甲冑に身を固めた軍楽演奏があり、日本でも作家の向田邦子さんが『阿修羅のごとく』というドラマに使って有名となって、来日演奏も行われた。

わが国でも、明治以前すでに幕府軍にフランス式ラッパ隊、薩摩藩軍にイギリス式吹奏隊が生まれていたが、維新戦争で官軍が、品川弥二郎が作ったといわれる日本最初の軍歌〽宮さん宮さんお馬の前に――を歌いながら和笛と太鼓でピーヒャラドンドコドンと気勢をあげたのは、メフテル軍楽隊から七世紀あとのことであった。

陸海軍の軍楽隊が正式に発足したのは、それから間もなくの明治五（一八七二）年である。三〇人の隊員のほとんどがイギリス仕込みの旧薩摩藩兵であったから、伝習した曲も〝英国女王を祝する曲〟〝国歌君が代〟に早足行進・遅足行進といった程度であった。五

乗馬のまま演奏行進する陸軍軍楽隊

線譜など見たこともないチョンマゲ姿の旧武士の子弟が大きなトロンボーンやドラムに取り組んで〝英国女王を祝する曲〟を練習するさまは珍妙であり、ハイカラでもあったろう。

それから七〇年間、軍楽隊は軍隊の華として、あるときは**大演習・観兵式**のバックミュージックとして、またあるときは駅頭に出陣する兵士を送って士気を高揚した。

西南戦争・日清戦争から、台湾出兵、北清事変、日露戦争、シベリア出兵、日中戦争とうちつづく戦争・事変のたびに前線に派遣されて将兵の慰問演奏会を開いている。第一線では銃をはなせない危険な任務でもあった。

軍楽隊の仕事の一面には国民へのサービスもあり、東海道線の開通式に曲を添えたり、赤坂・日枝神社の祭礼に出かけたり、関東大震災のときには、日比谷公会堂で国民激励演奏会を開くなど、大いに〝官許を受け私事に用い〟られた。

太平洋戦争中も昭和一七（一九四二）年のシンガポール陥落のときは、乗馬軍楽隊が華ばなしく銀座通りを演奏行進し、昭和二〇（一九四五）年の東京大空襲の直後には、関東大震災のときと同じように、焼け野原のなかで悲痛な激励演奏も行なっている。

南方戦線に派遣された軍楽隊の運命もさまざまで、初期のジャワ隊・スマトラ隊などは住民に日本童謡などを聞かせていたが、フィリピン・ビルマ・ニューギニアなどに派遣された隊は、もう音楽どころではなく銃をとって歩兵となって戦った。もと**戸山学校**の軍楽生徒だった團伊玖磨氏の『戦場に流れる歌』には、フィリピン戦線で楽器の代わりに重い迫撃砲の砲身を担いで山野を彷徨（ほうこう）する隊員の姿が描かれている。

一方、海軍の軍楽隊も鎮守府や要港を根城に、出港する艦隊にバンド演奏をしていたが、艦隊旗艦に乗り組んで第一線に出かけることもある。激戦の最中に、トラック島の停泊地で旗艦「大和」の昼食会に招かれた陸軍将校たちは、山本司令長官が箸（ナイフとフォークか）をとると同時に甲板の艦隊軍楽隊が優雅な音楽を演奏し始めたのに仰天している。イギリス海軍の伝統を受けついで平常心の維持のため平時の習慣をつづけていたのだろうが、同じとき陸軍はソロモンやニューギニアで餓えに苦しんでいた。

いまの自衛隊は軍隊ではないから軍楽隊はなく音楽隊になっている。観閲式や国賓を迎えたときのセレモニーで〝君が代〟や〝栄誉礼〟を演奏しているが、市民のサービスのほうが本業のようにも見える。

東部方面音楽隊には、生活や身分が安定して落ち着いて勉強ができるせいか芸大出身の英才が入隊し、〝軍艦マーチ〟や〝抜刀隊〟ではなく、広報活動の一環として、シューベルトやシュトラウスを演じて市民を楽しませている。（共）

憲兵【けんぺい】　憲は日本国憲法や大西洋憲章の憲で、字も重々しく模範・手本・命令などの意味がある。これに兵をつけた憲兵は兵語辞典によると、「陸軍の一兵科にして軍人の犯罪を取締り軍紀を維持する軍事警察にかかわる兵科」となる。

これだけならただのミリタリー・ポリスで、どこの国の軍隊にもあり珍しくもないが、ナチス・ドイツの「ゲシュタポ」やソビエトの「ＧＰＵ（ゲーペーウー）」のちの「ＮＫＶＤ（エヌカーベーデー）」と並んでニッポン・ケンペイは軍国主義・帝国主義・侵略主義の代名詞のようにいわれ、残虐・冷酷・暴力の暗いイメージが定着してしまっている。

戦前から憲兵は治安警察の「特高（特別高等警察）」とともに、軍人だけにかぎらず国民全体の思想言動に目を光らせて、〃憲兵隊に引っぱられた〃という噂は〃警察に引っぱられた〃よりも重々しく、かつヒソヒソと耳うちされて町内に伝わった。

戦争に入ると占領地の治安が憲兵の仕事となり、ゲリラやスパイの摘発はもちろんのこと、敵意をもった住民への取り締り、捕虜の管理にいたるまでその行動は峻烈苛酷をきわめた。

このため戦後の戦争犯罪人の追及が始まると、すべての在職憲兵がその対象となった。刑務所で受刑したもの二五〇〇人、絞首刑や銃殺刑で死刑となったもの三一二人に達している。連合軍の捕虜を扱った内地・外地の憲兵隊司令官や隊長のほとんどは処刑され、刑務所から出てくると次に国民の制裁が待っていた。

まず講和までの六年間は公職から追放され、家族は肩身の狭い思いをし、娘は結婚できず、子供はいじめにあったという。犯罪取り締りの当事者が主客転倒して犯罪人扱いされ、みずから命を断った元憲兵も数多い。

戦前には憲兵は、国民から「軍隊のおまわりさん」と呼ばれて全軍の中から品行方正、学術優秀の真面目な下士官・兵が選抜され、胸を張って任務につき、襟の黒い**兵科色**はエリートのシンボルでさえあった。

それがなぜ人に恐れられた存在になったかは、日本のミリタリー・ポリスの性格の特異性にある。

明治三一(一八九八)年に制定された「憲兵令」の第一条には「憲兵ハ陸軍大臣ノ管轄ニ属シ、主トシテ軍事警察ヲ掌リ、兼テ行政・司法警察ヲ掌ル」と定められているが、問題はこの「兼テ……」以下である。

つまり憲兵の権限は、軍事はもちろん司法と行政の全般にわたり、警察官・行政官として国民の全生活にかかわっているわけだ。

関東軍の憲兵司令官も歴任した東条英機大将は歩兵出身であるが、戦争遂行のためにこの憲兵組織を最大限に活用して政治家・思想家もその網の中に閉じ込めた。

このオールマイティの権限が、内地・植民地・占領地のすべての住民に及び、根が真面目な若者たちは容赦なく任務を果たし、多くの占領地住民や捕虜を死にいたらせ、いまだに尾を引く怨恨の原因をつくった。

軍が権力を握った時代に、さらに全権を与えられた点が多くの行き過ぎを生んだわけで、全軍から選抜され命令のまま真面目に働いた元憲兵にとっては、この払拭できないイメージはやりきれないにちがいない。

これを反省して自衛隊の警務隊では、その任務を「部内の秩序を維持し、もって作戦を支持するにある。機能は警護、道路交通統制、規律違反防止、犯罪捜査、関係治安機関との連絡、協力、捕虜の取扱い」(警務課運用)と、きびしく限定して一般人に対する捜査権はない。

憲兵のイメージがあまりに暗いために、自衛隊では警務隊が旧憲兵とまったく違うことを力説している。

以前私が訪問した警務隊でも隊長が開口一番、憲兵との違いを長々と説明し、そのあとの雑談でうっかりと、「自衛隊の憲兵として……」と口を滑らすと、「憲兵じゃないんだってサア」と荒々しく叱責された。ニッポン・ケンペイの亡霊はまだ生きていたようだ。（共）

工兵【こうへい】　維新戦争では両軍とも歩兵・砲兵と少数の伝令騎兵で戦ったが、やがて明治政府が鎮台をつくると、これに工兵・**輜重兵**（しちょうへい）という新しい兵科を加えた。歩・騎・砲・工・輜はこれ以後、陸軍の五大兵科となる。

工兵も最初は、手本としてフランス陸軍のSOLDAT DE HOUEを直訳して「**鍬兵**（しゅうへい）」などと称していたが、農作業を連想して具合が悪いのか工兵に改める。

陸軍の工兵に当たるのは、自衛隊は施設科、米英ではENGINEER、いまのフランス軍ではSOLDAT DE GENIEなどあるが、施設科だとなんだか建設会社めき、やはりエンジニアが知的でカッコいい。「工」はたくみ・じょうずで、フランス軍のジェニー（才能・天才）と共通しているが、工役・工作・工事・工費などとなると、土木作業めいてくる。工兵の**兵科色**も鳶（とび）色（茶色に近い）で泥臭い。

工兵一筋に三十年を生きた吉原矩（かね）・元中将は、その著者『陸軍工兵史』（九段社）の冒頭で〝工兵の任務はサービスである〟と短い言葉で任務の本質を説いている。築城・架橋・坑道掘削・爆破などで戦闘部隊にサービスし、その後の攻撃と勝利の栄誉は彼らに与え、縁の下の力持ちに甘んずるという信念である。まだ戦場が複雑化しないころの工兵隊の訓練は土木作業そのものに徹し、現役二年の初年兵は掩体(えんたい)・壕・鉄条網作りの築城、二年兵は川に軍橋をかける架橋と相場が決まっていた。

やがて戦場が近代化してくると、砲台下まで坑道を掘って地下からの爆破作業、**肉弾三勇士**で名を残した破壊筒による鉄条網の破壊、さらには歩兵に混じって地雷や破甲爆雷を抱えて戦車に肉迫攻撃をかけるなど、戦闘職種に変化してくる。

科学が発達すると、もう土木作業だけが任務でなくなり、まさにエンジニアの技術兵科となる。まず工兵科で研究し、やがて独立して実戦部隊をつくったものに、

鉄道の運用や修理、敵の鉄道の破壊を行なう「鉄道連隊」

偵察用の観測気球や防空用の**阻塞(そさい)気球**を揚げる「気球連隊」

工兵が架けた船橋を砲兵部隊が渡る。まさに戦場の縁の下の力持ちだ

司令部と部隊の通信を受けもった「電信連隊」など、すべて工兵を母体としている。なかでも、島嶼（とうしょ）上陸作戦の多かった太平洋戦線で**大発動艇**（**大発**（だいはつ））を操縦して弾丸の中を兵隊や兵器を揚陸し、戦い不利となった戦場からの撤収に従った「**船舶工兵**」の八面六臂の活躍は目ざましいものがあった。

大陸戦線でも、全員が自動車や自動貨車（トラック）に乗車し、装甲作業機・装甲散兵壕掘削機や防御施設を衝撃で破壊する突角（とっかく）などの特殊車輌、軽装甲車まで装備した「**独立機甲工兵連隊**」や戦車師団工兵隊が工兵部隊の華（はな）となった。

明治三七（一九〇四）年、日露戦争中につくられた『**日本陸軍**（大和田建樹・作詞／深沢登代吉・作曲）』という軍歌の一節の、〽鍬（くわ）とる工兵助けつつ　銃（つつ）とる歩兵助けつつは、もはや時代遅れとなり、さすがに昭和の初めには〝槌（つち）とる工兵〟と差し替えられたが、これもすぐ時代遅れとなってしまった。（陸）（↓憲兵2・歩兵2・屯田兵2）

行李【こうり】　衣服や日用品を入れて旅行などに使う用具で、トランクやボストンバッグにあたるが、今でも柳の枝で作った柳行李は湿気を防ぎ和服をしまうのに用いたりする。

軍にも将校の携帯する革製・木製の**将校行李**があるが、軍隊用語では歩兵の戦闘部隊とともに動く弾薬や食糧の補給隊を指す。

後方から戦闘部隊に補給品を運ぶ輜重隊とは別で、衣服や食糧の行李が大行李、弾薬を運搬するのが小行李である。いかにも古臭い言葉だが、戦国時代に柳行李を馬に積んで部隊に従ったところからきた言葉であろう。同じ行李でも砲兵隊では段列となる。

将校が安心して戦線に出かけるには、しっかりした家庭、とくに妻君の内助の力が大切なため、隠語で行李といえば家庭のことで、「お前もそろそろ年頃だから行李を持ってはどうか」と、見合い話が起きる。そこから生まれた子どもは小行李となるが、皮肉にみればお荷物ともとれる。（陸）（↓段列2・輜重兵2）

御親兵【ごしんぺい】 「親」には、おや・みうちなどの名詞と、したしむ・いつくしむ・ちかづく、などの動詞の意味があるが、天子や天皇にかかわることにも使われる。

天子と臣民とは親子の間柄で、天子は臣民を子のように慈しみ幸せを恵むという儒教の思想によるが、これから多くの熟語が生み出される。

天子を守る「親衛」、天子が軍隊を検閲する「親閲」、政治をする「親政」、出陣する「親征」、先頭で指揮をする「親率」などがある。この親兵も親衛と同じく天子護衛の軍隊と兵士のことを指す。日本の場合、この親兵の最高指揮官は天皇だから御をつけて敬語となるが、親衛隊は時代につれてヒトラー・ナチスの軍隊から、アイドル歌手の取り巻き連中まで都合よく使われている。

日本史を見ると、律令以来天皇は近衛都督などの護衛部隊や征夷大将軍を長とする外征軍を統率していたが、一二世紀の保元・平治の乱以後、軍事権ついで政権は平家に奪われ、その後、源氏・北条・足利・豊臣・徳川と一貫して強大な武力をバックにした軍事政権がつづいた。

御所の中にはわずかな数の衛士隊が残されたが、ローマ法王庁のスイス兵のような形ばかりの儀杖隊であった。

明治一五（一八八二）年の「陸海軍人に賜りたる勅諭―軍人勅諭」の中でも明治天皇はこう嘆いている、

「古の徴兵はいつとなく壮兵の姿に変り、遂に武士となり兵馬の権は一向にその武士どもの棟梁たる者に帰し、世の乱れと共に政治の大権もまたその手に落ち、凡そ七百年の間武家の政治とはなりぬ。

世の様の移り変りてかくなれるは人の力もて挽回すべきにあらずとはいいながら、かつはわが国体に戻り、かつはわが祖宗の御制に背き奉り浅間しき次第なりき」

つまり七百年もの間、自ら兵力を持てなかった天皇とその宮廷は、つねに時の政権の保護下にあり、守られると同時に監視されつづけて手も足も出ない。

幕末の動乱期、京都の町は勤皇・佐幕の勢力が入り乱れて騒がしくなってくる。天皇を護衛する京都守護職の松平容保は会津から藩兵部隊を呼び寄せ、それでも足りずに浪士隊や新選組といった補助兵力で治安を守った。

蛤御門の変では会津兵は薩摩兵と組んで官軍となり、乱入する長州の部隊と戦ったが、薩長同盟が結ばれると一転して朝敵となり、官軍に追われる羽目になった。目まぐるしく官軍・賊軍が入れ替わったのも天皇直率軍がなかったためである。

慶応から明治にかけての維新戦争で主力となったのは、鹿児島・山口・佐賀・高知からの藩兵を中核とした天皇側諸藩連合軍だったが、時流にのって天皇の警護を自認する志願兵が現われてくる。

南北朝以来、朝廷にゆかりの深い奈良十津川の郷士隊をはじめ、多田の郷士隊、各藩の脱藩浪人がつくった亀山隊など、しょせんは寄せ集めの雑軍であまりアテにならなかったが、まとめて御親兵の一隊をつくり公卿の壬生基修が隊長となった。

このようなことでは天皇制の足下もおぼつかないので、西郷隆盛・山県有明が計って各藩から藩兵を朝廷に献上し本格的な御親兵部隊が編成された。明治四（一八七一）年二月のことで、運営費は宮廷費からの一〇万両。兵力は、

鹿児島藩　歩兵四大隊・砲兵四隊
山口藩　歩兵三大隊
高知藩　歩兵二大隊・騎兵二小隊・砲兵二隊

で、形はととのったものの、言葉や習俗はもちろん、服装も装備もバラバラで号令も英語やオランダ語が入り混じっている。それでも、初めて直属の軍隊をもった若い明治天皇は大喜びで、京都の河東操練場で御親兵の観閲式を催している。

ようやく出来た御親兵の寿命はわずかで、翌五年には近衛旅団に昇格して国軍となるのだが、全国から平等に徴集したわけではないため、兵たちの忠誠心はなじみの浅い天皇よりも数百年仕えてきた旧藩主にあり、明治一〇（一八七七）年に西南戦争が起きたときは、数百人の元鹿児島藩兵が近衛旅団から脱走し反乱軍に投じている。

いま、皇室・皇族と皇居御所は警察庁の付属機関である皇宮警察の一〇〇〇人弱の皇宮護衛官に警護されているが、徳川時代と同じように直属の兵士は一人もなく、自衛隊は内閣総理大臣の手のなかにある。

軍人勅諭ふうにいえば、〝浅間しき次第なりき〟なのだろうか、それとも〝喜ばしき次第なりき〟なのだろうか。（陸）（↓近衛2・観兵式1）

近衛【このえ】　近衛とは近くを衛ることで、近くとは天皇の近くを指すから近衛兵は天皇直属の護衛兵で、その歴史は古い。もとの読みは「こんえ」だったが柔らかく変化した。

平城・平安の昔から天皇の住む内裏は筋目正しい出身の衛士が物ものしく警備し、それが「北面の武士」、近衛兵と受け継がれた。近衛師団なきあとは、今の皇宮警察まで千数百年の流れをもつ。

衛士の所管は「近衛府」。その長官は「近衛大将」で、内裏を東西に二分し左近衛大将と右近衛大将がある。これが左大将・右大将であり、「右近の橘、左近の桜」もあり、当時の左大将は政府陸軍の最高司令官であった。

近衛府の長官や次官の階級名の大将・中将・少将はそのまま日本陸海軍の階級となったが、その総大将は藤原氏の直系である近衛家であった。

藤原氏は平安時代から天皇家と何代にもわたる姻戚関係をもち、やがて近衛と改名したあとも宮廷官吏・公卿(くぎょう)の筆頭であった。

明治維新の制度が解体したあとも公爵(こうしゃく)として公卿華族の筆頭を保持し、近衛篤麿(あつまろ)は日露戦争を推進した政治家、その子の文麿は太平洋戦争直前の首相の重職にあった。

文麿は敗戦で戦争犯罪人となることを拒否して誇り高く服毒自決をしたが、そのお孫さんは依然として天皇家と親戚の契りを結んでいる。

一八六七年の明治革命を完成させた官軍の主体は、たてまえは天皇軍であったが、実体は勤皇各藩の藩兵部隊であり、天皇の直属部隊はわずか一個中隊の儀杖隊だけであった。

これでは絶対君主制の足元も危ないので、明治七（一八七四）年の**徴兵制**をきっかけに、それまでの寄せ集め藩兵でなる**御親兵**を廃止して「近衛歩兵第一連隊」を編成した。

歩兵・騎兵連隊が新設されると、天皇は**軍旗**と呼ばれた連隊旗をみずから授けたが、この近衛歩兵連隊への親授式は徴兵開始と同じ明治七年の一月、歩兵連隊の筆頭である歩兵第一連隊へのそれは、同じ年の一二月であったからその重みがわかる。

駐屯地は皇居の北、竹橋に接する現在の千代田区代官町で、武道館と並ぶ国立近代美術館工芸館として残されている赤煉瓦の建物がその司令部であった。

尊い天子さまのお膝元に勤務し、一〇〇パーセントの忠誠心を要求される近衛兵には、全国の連帯区から品行・学術・容姿・体格の最優秀の若者が選ばれたのは当然で、郡や市から一人ともいわれ、近衛連隊に入ることは一族一家の名誉であった。

そのため、その待遇も全軍中のベストで兵器も軍服もピカピカ、給与もよく軍隊につきものの私的制裁も厳禁された。四年間の近衛勤務の間、なぐられたことは一度もなかったという証言もあり、建て前だけではなかったようだ。

一般の兵と区別して帽章は星を桜の若葉でかこむデザイン。天皇の外出のとき直接警備をする近衛騎兵ともなると、黄色紐飾りのついた紺の上衣に赤の軍帽とズボンを着て、紅白の小旗をつけた**騎兵槍**（そう）を持ち、錦の**天皇旗**を先頭に立てて堂々と行進するさまは、絵巻物のようなはでやかなものであった。

捧げ銃を行なう近衛歩兵連隊

近衛師団はヨーロッパ王室のインペリアル・ガード（IMPERIAL GUARD）やナチス・ドイツ軍のヒトラーの武装親衛隊（WAFFEN SCHUTZ ~ STAFFELN）にあたるが、首都防衛の任務もあるから、韓国陸軍の首都（猛虎）師団にも似ている。

長い間、近衛師団は一個師団四個連隊の日本唯一の師団であったが、太平洋戦争中に近衛第二・第三師団が増設され、近衛歩兵連隊も一〇個連隊となった。

マレー作戦を戦った近衛師団は、第二師団となり第一・第三師団は本土決戦戦力となる。近衛連隊は西南戦争で勇名をあげ、日露戦争の奉天会戦でも武功抜群と賞され、マレー作戦でも要衝ジットラ防衛線を一日で抜いた強い連隊であった。

ところがシンガポール作戦のあと、いっしょに戦った広島の第五師団、久留米の第一八師団がいずれも山下奉文(ともゆき)軍事司令官から表彰状ともいえる**感状**をもらっているのに、近衛師団だけそれがなかった。

「お公卿さん師団」と陰口を叩かれるような気位の高い面もあったので、山下司令官から嫌われたのかもしれない。

近衛師団は終戦に反対する若手参謀のクーデター未遂事件によって幕を閉じ、平城・平安時代からの長い歴史にピリオドを打った。

天皇護衛・首都防衛部隊に近衛の名が冠されることは二度とないであろう。（陸）

（→禁衛府2）

御用船【ごようせん】

時代劇によく出てくる捕(と)り手役のせりふは「御用！　御用！」と相場が決っている。

御用は幕府や政府の官公庁、つまりお上(かみ)から言いつけられる用事で、官尊民卑の時代には名誉なことであり、否とはいえない絶対的な響きがある。

幕府や大名家から指定された業者は御用達といわれての、れんに箔がつくが、お上の懐ろがさびしくなると強制的に御用金を献上させられる。徳川幕府や明治政府のなくなった今でも、御用達の金看板の威力は絶大で、〝宮内庁御用達〟のしにせの菓子などはありがたがって買われていく。

常づね自前の貨物船を持っている陸海軍も、いざ戦争となると絶対数が不足して、民間から船舶を借り上げ臨時に軍用として活用する。

日清・日露の明治時代から大正にかけてこれらは御用船と呼ばれ、戦争記事にもしばしば登場している。ほとんどは兵員・貨物の輸送船だが、ときには石炭・石油の運搬船や病院船になり、なかには海軍籍に移って火砲を載せ海戦に参加した船もあった。

日清戦争の黄海海戦で樺山軍令部総長を乗せて戦った小さな**報知艦**「西京丸」や、日本海海戦で「敵艦見ユ」の第一報を放った仮装巡洋艦「信濃丸」などはいずれも日本郵船から借り上げた客船であり、のちの太平洋戦争でも花形客船や貨物船の多くが特設航空母艦や特設巡洋艦に変貌して戦った。

陸軍部隊を満載した十数隻の船が船尾に白地に黒い山形二線の御用船旗をひるがえして海

御用船から戦時徴用船となって南方で活躍する輸送船団

を渡る光景は、〝ああ堂々の輸送船〟と歌にも絵にもなったが、このころには正式には陸軍徴用船・海軍徴用船と呼ばれるようになる。

太平洋戦争中に陸軍徴用船をA船、海軍徴用船をB船、民需用の船をC船としてピーク時にはその総トン数は八百万トンにも上ったが、戦争で汽船・機帆船合わせて四三九〇隻、六五〇万トンもが海深く沈んでいった。

船の借り上げと同時に船員も軍に徴用されて陸海軍の軍属となるが、同じく海に沈んでも軍属となった船員は名誉の戦死となり、その他はただの殉職となる。

いま横須賀の観音崎灯台の一角に白い「戦没船員の碑」が静かに立っている。この碑は日中戦争の初めから太平洋戦争の終わりに至る八年間に船と運命を共にした六万三三一人の船員の霊を祀る慰霊碑で、その碑面には、「安らかに眠れ　わが友よ　波静かなれ　とこしえに」の文字が刻まれている。

そのなかの戦死軍属の公表数三万五五九一人。輸送従事者に対する比率四三パーセントは陸海軍人の戦死率をはるかに上まわっている。（民）

輜重兵【しちょうへい】

陸軍の兵科の一つだが、多分、中国・朝鮮をふくめた漢字圏の中で、いつまでもこの難しい言葉を使っていたのは日本陸軍だけではあるまいか。

輜は衣料を運ぶ車、重は旅人の重い荷物を運ぶ荷車とあり、紀元前四世紀の『老子』にも

「君子終日行ク、輜重ハナレズ」と出典があるから、陸軍は二四〇〇年前の言葉を使っていたことになる。

簡単にいえば輸送兵のことだが、戦国・江戸時代には牛馬を使った〃荷駄〃という言葉があるから、古い平安のころの制度を引っぱり出して明治に復活させたのかもしれない。輜重隊は輸送と補給の両方を任務としたが、陸上自衛隊では需品科と輸送科としてそれぞれ独立している。

日本の陸軍の特性は正面戦闘兵科を重視し、必然的に後方支援兵科を軽視する風潮があった。戦闘が武士団の本分であり、補給や輸送は足軽やかき集めた人足たちの仕事であった習慣が尾を引いている。

同じ兵科でありながら、主流は〃歩・騎・砲・工〃が花形であり、〃輜〃はカヤの外であった。日清・日露戦のころは戦闘兵科の階級は、上等兵・一等卒・二等兵であったが輜重は兵のほか、臨時雇用の**輸卒**もあり、まちがいなく足軽扱いであった。

〽輜重輸卒が兵隊ならば、蝶々とんぼも鳥のうち……という兵隊たちの戯れ句は明らかに輸送隊を小馬鹿にしている。

陸軍士官学校でも卒業の百日前に候補生の将来の兵科が内定するが、砲兵や騎兵の花形兵科に決まった候補生はこおどりして喜び、輜重兵となった者はしょんぼりして「**百日祭**」を迎えた。はなやかな手柄を立てるチャンスも少なく出世することも少ない兵科だったから……。

事実、輜重兵科に回されるのは病弱であったり成績が芳しくない者も多く、輸送軽視はここにも現われている。

しかし、これは過去のことではなく、自衛隊も普通科（歩兵）、特科（砲兵）、機甲科（騎兵＝戦車隊）を〝普特機〟と一体化して花形兵科と呼ばれてきた。

戦闘が専門でないから兵器も騎兵銃やサーベル・拳銃といった威力の小さい護身用ばかりで、いったん敵襲を受けると全滅したり捕虜になることもしばしばで、これがさらにあなどられる一因ともなった。

輸送手段も時代とともに担送・牛馬の荷車（輜重車）からトラック・汽車・船舶と進歩してきたが、水上での補給は違う兵科の船舶工兵の仕事となる。

陸・海軍ともこの補給軽視はガンとなり、各地で補給線を断たれた部隊が玉砕していった。補給と情報の軽視を大戦敗北の最大の原因にあげる評論家もいる。（陸）

白襷隊【しろだすきたい】　日露戦争の山場となった旅順要塞の攻撃は、攻める日本軍にとっては地獄の戦場となった。

火力の不足によって正攻法ではとうてい勝算なしと見た第三軍は、明治三六（一九〇三）年一一月二六日の夜、目標の東鶏冠山要塞に連隊規模の**決死隊**で夜襲の殴り込みを行なうことになった。第一・第七・第九・第十一師団から六個大隊三一五〇名、暗闇の中の敵味方の識別をするために全員が肩から純白のサラシ布を十文字に襷掛けにしたため、この名がつけられた。

白襷隊は乃木軍司令官の見送りを受けて静々と闇の中に消えていったが、埋没された地雷を踏んで気づかれ交差するサーチライトの下で猛烈な銃砲撃を受けて大損害をこうむった。

本格的なロシア軍の反撃で、援軍も間に合わず後退の命令もとどかず、夜明けの山は襷掛けの戦死体で真っ白となった。白襷隊は「肉弾」とともに、旅順戦の代名詞でもあった。（陸）（→肉弾3・白兵3）

空の神兵【そらのしんぺい】　昭和一七（一九四二）年二月一四日、インドネシア・スマトラ島の石油施設群のあるパレンバンの青空は、次々と空から降りてくる日本陸軍の落下傘部隊の白いパラシュートでおおわれた。

秘密部隊の挺進第二連隊の初降下であった。や

日露戦争で旅順要塞に夜襲を決行した「白襷隊」

がて覆面をぬいで大本営から発表され国民の拍手喝采を浴び、すぐに高木東六が作曲した『空の神兵』という国民歌謡が大流行した。

このことから、空の神兵は陸海軍落下傘部隊の代名詞となるが、いかに皇軍とはいえ神兵とは大げさで、当の兵隊たちは恐縮していた。

ただ降下したインドネシアの言い伝えに、〝やがて北からの神の使いが空から降ってきて、この苦しみを解放してくれる〟という句があり、日本の神兵たちは現地民から大いに歓迎されたという。

海軍が降下したセレベス島でのことである。（共）　（↓挺進隊②）

段列【だんれつ】　同じ言葉でも自衛隊と日本軍とでは異なる場合があり、これもその例の一つ。陸上自衛隊の用語集によると「段列＝人事・兵站部隊、又は人事・兵站業務を担任するものの総称」とあり、簡単にいえば人員・武器・弾薬・食糧・医療を準備している後方支援のグループである。

一方、日本陸軍では「段列＝砲兵の弾薬補充を司る機関で歩兵の小行李に当たるもの」と砲兵科だけの用語となる。たとえば砲兵連隊は砲を運用する**戦砲中隊**と弾薬補給を担当する**中隊段列**からなり、戦闘時には砲の横並びの**放列**とその後に並ぶ段列の二線となり、歩兵では弾薬小隊となる。

卑俗にいえば、亭主のポケットの財布が砲であり家計を握る女房の大財布が段列で、亭主はこの段列から小遣いをもらって戦闘する。
「段列がダメだから今日はつき合えない」などとも使える。（陸）

挺進隊【ていしんたい】　同じ発音でも、この挺進隊と**挺身隊**とがある。挺進はひとりぬきんでて進む、挺身は身を引き抜く、みずから衆に先立って進み出ると辞書にあるが、日本軍での使い方はもっと具体的で異なった内容となる。
とくに陸軍で挺進といえば、敵の第一線の奥深く進入して敵の動勢・兵力・進路を探り、チャンスあれば守備兵を倒して物資集積所・駅・橋を爆破する任務のことで、挺進隊とはそのグループである。（↓行李2）

陸軍では、さらにこれを細分して厳密な意味をもたせている。少人数で敵状をさぐるのが**斥候**（せっこう）、自衛戦闘をしながら情報を集めるやや大きいのが**偵察隊**、それより広い範囲で戦略情報を集めるより大きなグループが**捜索隊**と変わってくる。捜索連隊ともなると、騎兵の馬のかわりに自動車や戦車を装備して威力偵察を強行するようになる。

アメリカ南北戦争の「クアントレル歩騎兵ゲリラ隊」、第二次世界大戦の英軍のコマンド（COMMAND）、米軍のレンジャー（RANGER）部隊などがこの挺進隊なのだが、テレビ映画などではゲリラ隊とか特攻部隊とか安易に名づけている。
日本軍で大規模な挺進隊が活躍したのは日露戦争のときで、いずれも騎兵で編成され国民にもっとも知られたのは「**建川挺進隊**」であった。

これは建川美次中尉の指揮する六騎の隊が満州沙河の決戦のとき、敵陣深く進入して動向を探ったもので、戦前、山中峯太郎が『**敵中横断三百里**』という冒険戦争小説で紹介して、いちやく国民的英雄となった。

だが、このように公表されなかったために知名度は低いが、より大規模で大活躍をしたのは「**永沼挺進隊**」である。永沼秀文騎兵第八連隊長の指揮する日本騎兵二個中隊とモンゴル騎兵二〇〇の部隊で、遼陽から長春まで往復二〇〇〇キロ、作戦日数七五日というスケールの大きなゲリラ偵察戦を展開し、最後の奉天会戦に大功績をたて総司令官の感状第一号となった。

日中戦争・太平洋戦争に入ると、この挺進隊は各戦線に出没して大活躍をしている。すでに騎兵は時代遅れとなり、歩兵が住民の姿、時には敵兵の姿に変装して中国奥地の米空軍基地の爆破や蔣介石総統暗殺作戦なども企てられた。

南方戦線では、ジャングル内の少数**斬り込み隊**でニューギニアの「**大高挺進隊**」「**猛虎挺進隊**」などが暴れ回った。一方「**空の神兵**」と呼ばれた陸軍落下傘部隊は、その性格から挺進部隊・**挺進連隊**と呼ばれて空からの奇襲作戦に活躍した。航空挺進から**空挺隊**の名もあり現在の自衛隊に受け継がれている。

もう一つの挺身は、民間用語で一身を犠牲にして国につくす市民ユニットである。こちらの挺身隊は簡単に使われて、工場に**徴用**された臨時工員の「〇〇工場挺身隊」、学生が学校を休みにして農作業でも手伝えば「**学徒挺身隊**」、女学生の「**女子挺身隊**」など、外見は日

の丸鉢巻きで勇ましいが、例外なく腹ぺこであった。（陸）

督戦隊【とくせんたい】 味方が苦戦に陥ったとき、隊長が刀を振りあげてひるむ部下を叱咤（しった）激励して戦わせる督戦の戦場風景はどこの世界にもある。日中戦争の最中、日本軍にはない督戦隊というのが中国軍にあるという噂は早くから内地に伝わっていた。

中国軍の備えは第一線、第二線の後ろに督戦隊が控えており、敗走してくる兵がいると追い返し、ときには機関銃を掃射して味方の手で味方を殺しているという。

督戦隊のないのがわが軍の誇りということになるのだが、日本軍でも浮き足立って敗走したこともあり、その場合には隊長が責任を負って自決してケリをつけた。

兵隊作家・火野葦平の小説『土と兵隊』のなかに、中国軍のトーチカを攻撃して裏から攻め入って見ると、足を鎖でつながれた少年兵がおびえた表情で立ちすくんでいる描写があり、映画化されたときにもそのシーンがあった。

戦争中にこの映画を見た私は自分の気持ちになぞらえて、少年が徹底抗日の覚悟を表わすために自身の手で鎖を巻いたとしか思えなかった。（陸）

独立守備隊【どくりっしゅびたい】 独立した守備隊と読めば普通名詞だが、満州（現中国東北部）の鉄道を守った部隊の固有名詞で、実体は鉄道警備隊である。

日露戦争で多くの兵士の血を流して手に入れた南満州鉄道は、ロシア帝国が敷設した南北に長く走る大動脈で、日本は「南満州鉄道株式会社（通称満鉄）」という国策会社をつくり運営をさせた。

満鉄は、名目は株式会社ではあるが、株の過半数は政府が持ち、幹部は鉄道省・拓務省（植民地省）・大蔵省から出向させた国策会社で、その規模は日本髄一であり、八億円もの巨費（全満州投資額の六割）を投じて近代化を進めた。

線路はすべてヨーロッパ式の広軌道で、シベリア鉄道と連結すればそのまま欧州まで通じ、「超特急」と呼ばれた流線形の特急列車「あじあ号」が走る花形鉄道だった。

明治四二（一九〇九）年の四月につくられたこの部隊の任務は、鉄路とその沿線の警備で、はじめの間は平穏だったため現役除隊後の志願兵を当ててすましていた。ところが、大正から昭和にかけて満州の治安は大いに乱れ、統制のない地方軍閥軍をはじめ、**匪賊**・馬賊と呼ばれた抗日ゲリラや盗賊団が跳梁したため、現役兵で編成されるようになった。

昭和六（一九三一）年の満州事変前後は、匪賊たちによる

満鉄沿線を警備した独立守備隊の前哨の兵士たち

鉄道・駅舎の襲撃や線路の爆破が連日連夜つづき、それと戦う独立守備隊も強くなっていった。司令部を公主嶺に置き兵力も六個大隊になったが、広い沿線地帯に分散配備され、バックにする関東軍とは遠く、それぞれの本隊とも離れて文字どおり孤軍奮闘、独力で戦った部隊であった。

満州帝国の建国後、治安はしだいに収まり、警備専門の満州国軍も生まれたので目的を達し終戦時までには全廃された。しかし、レールの切断面を中に小銃を交差したデザインの独立守備隊の襟章は誇りの象徴であり、その高い士気を歌った『独立守備隊の歌』はレコードになって流行した。

作詞は『荒城の月』の土井晩翠、作曲は中川東男であった。

〽ああ満州の大平野
アジア大陸東より
始まるところ黄海の
波打つ岸に端(はし)開き
えんえん北に三百里
東亜の文化進め行く
南満州鉄道の
守備の任負う我が部隊　（陸）

（→関東軍2・匪賊3）

特攻隊【とっこうたい】　**特別攻撃隊**の略称で、別働隊・遊撃隊・挺進隊、とくに危険な任務に従う決死隊などと同じように、本隊から離れて別に攻撃する小部隊のことだが、〃特別〃の文字を頭につけたのには特別な意味合いがある。

昭和一六（一九四一）年一二月八日の開戦初日のハワイ真珠湾攻撃の戦果は、その一〇日後に大本営から発表されたが、航空部隊のはなやかな戦果につづいて、「同海戦において特殊潜航艇をもって編成せるわが特別攻撃隊は警戒厳重を極める真珠湾内に決死突入し味方航空部隊の猛攻と同時に敵主力を強襲あるいは単独攻撃し……」と秘密覆面部隊のあったことを公表した。したがって海軍の新造語で、使いはじめでもあった。

秘匿名を**甲標的**と称し、二本の魚雷を抱えた二人乗りの小型潜航艇を、港口まで背負って運んできた大型潜水艦が島外で待機し、回収帰還できる手順になっていて、決死隊ではあっても後の「回天」攻撃のように必死（必ず死ぬ）隊ではなかったのだが、その秘密の性格、用法の危険度、存在そのものの捨て身の壮烈さ

出撃する陸軍特別攻撃隊「石腸隊」の隊員たち

から特別の名が頭につけられた。実際に五隻の攻撃艇の全部が未帰還となり、指揮官の岩佐直治大尉ほか八人の戦死者は「九軍神」として太平洋戦争で初めての軍神になり、失神して捕まった酒巻和男少尉は開戦初日で捕虜第一号となった。

つづいて翌年四月、第二次特別攻撃隊の三隻がオーストラリアのシドニー軍港、二隻がアフリカ東岸マダガスカル島のディエゴ・スワレズ軍港に突入し戦果を挙げたが、このときも全艇が未帰還となった。

この第一次・第二次と次のガダルカナル島攻撃の第三次までは特別攻撃隊と呼ばれたが、戦線が北のアリューシャンから南のソロモンまで広がり、出撃艇も多くなり特攻隊の名は使われなくなった。次に日本海軍に特攻隊の名が現われてくるのは二年後の昭和一九（一九四四）年の秋、フィリピン海域である。

すべての航空兵力は不足し、まともな正攻法が不可能となってきた現地の海軍航空隊は爆弾を積んだ小型機で敵艦に体当たり撃沈する以外に方策はないと決断し、全員自発的な志願を条件にこの邪道ともいえる作戦に踏みきった。

この攻撃法をつくりだした、第一航空艦隊司令長官の大西瀧治郎中将は自責のため終戦の日に自刃した。

爆装体当たり攻撃は、すでに半年前にビアク島で陸軍飛行第五戦隊の高田勝重少佐指揮の二式複座戦闘機四機が米輸送船団に体当たりしており、一〇日ほど前にルソン島でも海軍の有馬正文少将機がぶつかっているが、組織的大規模に実施して名を残したのが、「**神風特別**

攻撃隊」である。「しんぷう」が正しい読み方だが「かみかぜ」と呼ばれ、今ではKAMIKAZEとして世界的になった。

最初の神風特攻隊はセブ島で久納好孚（くのうこうふ）中尉らの二機によって行なわれ、つづいて朝日隊、山桜隊・菊水隊・敷島隊などと次々と生まれ、これに引きずられて陸軍特別攻撃隊も生まれた。これには神風の冠詞は使われない。日時的には神風特別攻撃隊第一号は久納中尉だが、その四日後に発進した敷島隊の関行男大尉がはるかに有名になった。基地に報道班員がいて、ニュース映画になったからかもしれない。

戦線が硫黄島から沖縄へと北上し日本本土に近づいてくると、米軍に対するこの〝カミカゼ・アタック〟はより強烈になってくる。

沖縄戦での航空特攻は出撃機陸海軍合計一五三六機、撃沈破艦船二五四隻と記録され、米軍は一時停戦し避難を決意したほどであった。

この通常兵器に爆弾を積む**爆装**に加えて、兵器そのものが爆弾・砲弾となる新しい**特攻兵器**も次々と考案された。一人乗り潜水艇「**回天**」、爆装モーターボートの海軍の「**震洋**（しんよう）」、陸軍の「㋹（マルレ）**艇**」、爆撃機から発射する海軍の人間爆弾「**桜花**（おうか）」などがつづいて実戦に参加した。隊名はいずれも特別攻撃隊となる。

敵の艦船が目標であったために特攻隊の主役はおもに海軍であったが、陸軍航空も海軍の指揮下に入って洋上出撃に参加した。

すでにフィリピンのバギオでは丹羽戦車隊が爆装戦車で敵戦車に体当たりし、本土空襲でも戦闘機が高射砲の届かないB29に体当たりして散っていったが、沖縄では「義烈空挺隊(ぎれつくうていたい)」が米軍飛行場に胴体着陸して全員戦死している。

本土決戦段階では、火砲が不足のため兵士が爆薬を背負って戦車に飛び込む肉迫攻撃や、潜水服を着て海底から上陸用舟艇に爆薬を突き上げる「**伏龍**(ふくりゅう)」などの体当たりも考え出された。スローガンは「全軍特攻」から「**一億総特攻**」にエスカレートした。

開戦時には通常兵器も使い、生還方法も考えられており〝必死〟ではなかった特別攻撃隊が、体当たり戦法の代名詞にまでなったのも末期的な症状であった。

戦時中に日本国民を感動させた特攻精神も一部の外国人の目には、「特攻隊精神のウラには日本人の性格の一大欠陥があり、科学技術性の欠乏を人間の感情と肉体とで補なおうとしたのが特攻隊であった」と冷たく映っている。

アメリカ兵は、人間の乗った体当たり専用爆弾をBAKA BOMB(バカ爆弾)と嘲笑した。戦後の闇市には「特攻くずれ」と呼ばれたチンピラも横行し、かつては無茶苦茶にとばす乱暴な運転のタクシーを「神風タクシー」の名で呼んでいた。

最初の特別攻撃隊の九人の遺体は回収されず、今でも真珠湾軍港の潜水艦基地の埋め立て地の下に埋もれたまま忘れ去られているが、九軍神は地下で笑っているだろうか、それとも泣いているだろうか。(共)

(→挺進隊2・肉弾3・回天下5)

ている。


独混【どっこん】　戦術の最大単位であると同時に戦略の最小単位である師団は、**二歩兵旅団**（**四歩兵連隊**）と師団砲兵隊、通信隊など特科部隊で編成されている。

大きな作戦ではこの師団編成のまま戦うが、小さな戦域での戦闘や守備には旅団単位にまかされることが多い。旅団はもともと歩兵が主体だから、これに師団から砲兵隊・通信隊・戦車隊などを配属して単独で戦えるようにしたのを**混成旅団**と称する。

日清戦争のとき、師団の**動員**に時間がかかるため急いで朝鮮半島に上陸した大島混成旅団もその例である。

支那事変（日中戦争）で、その守備範囲が広がって師団がそれに拘束されると戦略に差しつかえがでるので、この混成旅団を独立させて独立混成旅団、つまり独混が生まれた。

ふつうの旅団には歩兵連隊があるが、独混には連隊がなく五個の歩兵大隊から成る。つまり**軍旗**――連隊旗のない**兵団**だが、この歩兵大隊が分散して分屯し、さらに中隊が町や村に派遣され小隊や分隊が枝葉となって占領地のポイントを確保した。

中国戦線では各個の大会戦ではつねに勝利を得たが、結局は広大な大陸の〝点と線しか得られなかった〟といわれるところである。

同じように、ソビエト・満州（現中国東北部）の国境で孤立して戦った**独立守備隊**や、独歩と略された**独立歩兵旅団**など独立の冠のついた部隊は、いつも苦戦の連続であった。

自衛隊も各地に旅団が駐屯しているが、これは防衛計画大綱や予算の理由から師団をコンパクトにしたものだ。(陸)

屯田兵【とんでんへい】

徳川時代の末から明治にかけて、北海道や南千島列島がロシア船に頻頻(ひんぴん)と侵略され、東からのアメリカ、南からのイギリスの黒船艦隊とともに一大脅威となっていた。

しかも北海道には常設の**鎮台**も**沿岸要塞**もなく、丸裸であり正規の軍隊を派遣する兵力も予算もない。全北海道の守備兵は、北海道開拓使(北海道知事)の護衛兵である「函館隊」の一七四人だけであった。

そこで知恵者の開拓使黒田清隆が考え出し実現させたのが屯田兵制度である。屯は**駐屯**(軍隊が定住すること)、田は田畑で、軍人の身分をもち訓練をしながら農耕に従事する屯田兵は郷士とも民兵ともいえよう。

狙いはロシアの侵略に対する防衛と同時に、まだ未開地であったこの地を開拓する兵力の確保であったが、隠れた狙いは反乱の原動力にもなりかねない失業した旧徳川の家臣の救済とエネルギーの吸収であった。まさに一石二鳥、三鳥である。

明治八(一八七五)年、最初の志願者が家族を連れて北海道に渡り、琴似村に**兵村**と呼ばれる駐屯地をつくった。

スナイドル小銃一挺と弾薬・銃剣・軍服・靴などが陸軍から貸与され、開拓使からは農具や若干の食糧、わずかな給料が与えられたが、あとはすべて自力・自弁である。なれない未開地で家を建て、森林を伐採し荒地を開拓する苦労はたいへんなもので、その血のにじむ苦労のあとは道内各地の博物館・郷土館に数多く残っている。

最終的には二一個中隊三〇〇〇人、兵村も道央から道南にかけて二四村が建設された。

結局、憂慮していたロシアの侵略はなかったが、代わりに明治一〇（一八七七）年の西南戦争にはるばる鹿児島まで**出征**し、清国との日清戦争にも全員が東京の**近衛師団**に移って待機したが、実戦参加の前に戦争は終わった。

日清戦争前には北海道に第七師団が新設されたために、これに吸収されて屯田兵の制度は消滅した。

第七師団に移った元屯田兵は**旅順要塞**の二〇三高地の激戦で活躍しているが、純粋屯田兵の実戦歴は西南戦争だけである。

武士の血を引いたその子孫たちは、その後軍人となって名を残した名将・勇将も多く、**「加藤隼戦闘隊」**長で二階級特進した加藤建夫（たてお）少将もその一人である。（陸）

女兵【にょへい】　終戦間近には数百万人にふくれあがった日本陸海軍でも、女性兵士は一人もいなかったが、いまの自衛隊には女性自衛官のパーセンテージはあがり、陸上ワック（WAC）、海上ウェーブ（WAVE）、航空ワッフ（WAF）の愛称で呼ばれて活躍している。

はじめのうちは活躍の場も衛生科の看護師に限られていたが、だんだんと土俵が広がって、最近では整備・補給・輸送・需品・通信・会計などの各科に進出したのみならず、海外派遣部隊でも活躍。なかには港湾タグボートの艇長やヘリコプターのパイロット、荒くれ男に混じってアクアラングをつけて水中に潜る爆発物水中処理隊員もおり、真面目な勤務ぶりで好評を博している。（編集部注・現在では、空挺隊員、イージス艦艦長、戦闘機パイロットなども誕生）

第一次世界大戦から第二次世界大戦にかけて、戦争はますます国家をあげての総力戦となり、女性たちも家庭から出て戦力化されるが、その領域は看護婦をはじめとして軍需工場への動員、警察や消防、交通輸送などの〝銃後の守り〟に限られていた。

イギリスなどでは女性の志願兵を司令部の秘書や運転手、情報の分野に振り向けたが、いずれも第一線で銃を撃つことはなかった。日本ではさらに遅れて陸軍省・海軍省のタイピストやお茶くみなどに採用した女性たちも書記・筆生といった軍属扱いの雇員、軍病院に常勤する看護婦も日本赤十字社からの派遣で女性兵士は生まれていない。

戦前からつとに伝えられていたのは新生国家ソビエト連邦の女性兵士である。徴兵でなく自ら進んで志願する志願兵に限られるが、一七歳から四五歳までが対象で、男女共学の学校では軍事教練も同じように行なわれている。

ソビエトが「大祖国戦争」と呼んだ第二次世界大戦では、昭和一八（一九四三）年のスターリングラードの激しい反撃戦から昭和二〇（一九四五）年の最後の戦い、ベルリン総攻撃まで、たくましい女性兵士たちは戦車にまたがり自動小銃をかかえて戦闘に参加している。

いかに人口が多かったとはいえ、当時の総人口一億七〇〇〇万人の一二パーセントにあたる二〇一六万の戦死傷者を出したソ連軍にとっては男女の区別などという余裕はなかったのであろう。この戦死傷者の膨大な数は連合軍の全死傷者の七割を越えており、戦後もシベリア抑留日本兵たちは多くのソ連女兵に出会っている。

昭和一二（一九三七）年七月に始まった日中戦争でも、戦線から帰還した兵隊の口から、中国軍にいる女性兵士「女兵（ニュイピン）」の存在が驚きをもって伝えられた。

蔣介石が**中華民国**の実権を握ったとき、バックにあったのは**中国国民党**であり、その武力は中国革命軍であった。この革命軍には熱烈な愛国心に満ちた青年男女が飛び込んで革命内戦を戦っており、その数三〇〇万と伝えられていたが、さらに増大し上海・南京戦に登場してきた。戦死体のなかには五分刈り頭で軍服を着てわらじをはき、血まみれになった女兵の姿も見え、捕虜になると舌を噛（か）んで自決した女兵もいたという。

毛沢東の**中国共産党**の「**紅軍**」では、さらに女性の戦闘参加が徹底的で、男女同権・同格を実践した軍隊であった。一六歳以上三三歳まで女子はすべて共産党女子青年団員であり、同時に兵士であった。そのなかには一〇〇〇人あまりの部下を従えた葉振鳳という女将軍もあり、のちに文化大革命の罪で処刑された賀龍の娘たちもその幹部であった。

日中戦争の前、国民党と共産党は激しい主導権争いの武力抗争をつづけたが、国民党軍の捕虜となった一紅軍女兵の言が発表されている。

「一六歳になって団員にならないと下着を脱がせて鞭（むち）で打つ。団員には毎日、兵式体操をほどこす。妊娠した女は党員たるを許さない。出席しない者にはすぐズロースを脱がせる。団員たる者は恐怖心・羞恥心をもってはならない。

随時・随所に恋愛を談じ、男子は女子の意に逆らうことは許さぬ。団員で正式に結婚するには団長の許可を必要とする。出産の場合、その父親が誰であるかが判明し難いときは、自ら好むほうを指摘し、その子をその男に与えて養育させる」

はなはだ辟易する内容で、原資料にも〝宣伝機関の発表だから怪しいものとしても〟と註釈がついているように真偽のほどは判らない。

さすがに女性を家庭に縛りつけて大事にしていた日本軍も、いよいよ本土決戦が近づいて切羽詰まってくると、背に腹は替えられず勅令で**国民義勇隊**の制度をつくり、男女を問わず青壮年の全員が戦闘に参加するようにした。

終戦が二か月半遅れれば、昭和二〇（一九四五）年十一月一日には米軍の「**オリンピック作戦**」が発動されて一四個師団三〇万の大軍が南九州に上陸し最後の本土決戦が始まるはずであった。

ここで日本軍初めての女兵が登場し、国民義勇隊の女性が防空頭巾とモンペ姿で、装甲一〇センチのシャーマンM４戦車に向かって突撃することになったかもしれないが、結局終戦の詔勅によってその悲劇は回避された。（陸）（→銃後下8）

兵站【へいたん】

兵は軍隊、站は宿場のことで、中国・台湾・香港などでは今でも電車・汽車がとまる所は「駅站」である。

昔の兵語辞典には「野戦軍の作戦力を維持するために必要な人馬物件の前送、必要ない人馬物件の後送、通行人馬の宿泊や休養、野戦軍の背後の連絡線の確保、民政等を包含する勤務をいう」とある。ひらたくいえば、つまるところ軍隊の宿場ということになる。

例を**日露戦争**にとると、満州南部に野戦軍として展開した五〇万の**満州軍**に対して、内地の港から幾本かの補給線が大動脈として伸び、朝鮮半島の荷揚げ場から北上した**軍需品**は数十個所の「兵站」に集積された。前線に近づくにつれて「**軍兵站管区**」、師団単位の「**兵站基地**」、連隊単位の「**兵站所**」に分かれて第一線部隊に届く仕組みとなっている。

ちょうど心臓でつくられた新鮮な血液が大動脈・動脈・血管・毛細血管をへて体の隅々まで行きわたるのと同じ働きをし、兵站はその流れを確保する要所・要点の役割りをする。

明治までの国内の合戦では外征はまれで、領主の勢力範囲内での戦いが多く、この兵站の役目をはたしたのは城・出城・砦(とりで)で、これらは要塞と兵站基地の両方の機能をはたしていた。

したがって、中国からの外来語を使いだしたのは明治にはいってからで、国内総軍の九州への出兵である**西南戦争**や朝鮮半島への外征、**日清戦争**以来のことと思われる。

字も常用漢字表になく語感も古くさいこの言葉は、他に代わる言葉もないためか自衛隊でも現に使われている。

その用語規定では「部隊の戦闘力を維持、増進して作戦を支援する機能であり、補給、整備、回収、交通、衛生、施設、不動産、労務の総称」となっている。表現こそ違うが内容は旧軍とあまり変わらない。

「基地兵站」「野戦兵站」「部隊兵站」などがその分化した熟語だが、実際には平時の自衛隊は近くの演習場への往復のくり返しで、外国への遠征を意味する野戦などは考えていないから、この兵站組織は有事（戦時）のさいの想定であろう。日常的には動かない補給基地でこと足りるわけで、「補給処」から輸送科の手による補給のピストン作業で足りる。

〝日本軍は補給と情報を軽視したために戦争に敗れる一因ともなった〟と定説になっているが、少なくとも日清・日露戦争までは補給線が長く伸びた清国軍・ロシア軍に対して、短く補給線を確保しつづけて勝因をつくった。

「糧を敵に得る」という現地調達思想も根強かったが、将軍や参謀を養成する陸軍大学校の機密教科書の「統率綱領」でも〝将帥の仕事の第一は兵站を確保して軍に方向を示すに尽きる〟と重く見ている。

このように、建て前上はけっして兵站や補給を軽く見ていたわけではないが、野戦での決戦第一主義におちいり優秀な人材は作戦参謀に当てられ、情報参謀や補給担当の後方参謀はマイナーに格づけた。そして、さらに重要であるべき兵站の司令官に、老齢や病身の予備役の将軍などが当てられていたのも事実であった。

戦略思想の是非を問うまでもなく、物資も人材も底をついていたのである。

なお、海軍でこの兵站にあたるのは、第一に母港の軍港・**要港**であり、遠征先の補給基地は**根拠地隊**であった。（陸）（→輜重兵2・参謀1）

兵団【へいだん】 陸軍の編成は軍―師団―**旅団**―連隊―大隊―**中隊**―小隊―分隊といったラインで成り立ち、それに番号がついて、たとえば第一師団、第一旅団、歩兵第三連隊というふうになる。

平時には駐屯地に常駐して、何も隠すこともないが、戦争に突入すると防諜上このナンバーは公表されず、別な名前で呼ばれるようになる。

師団や連隊にはそれぞれ性格があり、長所・短所があって戦術や戦法にもそれが出てくる。また敵側は平時からその編成や兵力・装備など研究しているから、これがわかると敵に有利に味方に不利となる。

そこまでいかなくても、師団か連隊かで兵力数がつかまれるから、これをボカしたのがこの戦時用語である。

師団や旅団が兵団であり、連隊・大隊が**部隊**、中隊・小隊が**隊**となり、それぞれ番号でなく指揮官の名で呼ばれる。

「柳川兵団、杭州湾上陸！」であり、「壮絶なる加納部隊長の戦死」という言いまわしになる。

日中戦争の緒戦の上海付近のクリーク（小川）戦は予想外の激戦で、同じ連隊の加納部隊長、ついで後任の飯塚部隊長が相ついで戦死したが、この加納部隊・飯塚部隊が東京に新設された歩兵第一〇一連隊であることを知っていたのは軍内部と遺族だけであった。

海軍の組織は艦隊・戦隊なのだが、太平洋戦争では西村部隊・志摩部隊などと陸軍式に使っている。（陸）

歩兵【ほへい】　地面を歩き銃を射つ歩兵は、どこの国、いつの時代でも他の兵科にくらべて数も多く、決戦の主力であり軍の主兵であった。

だが、「兵」の字を「軍」の字とともにタブーとされている自衛隊にはこの歩兵がない。砲兵は特科、騎兵にあたるのは機甲科、工兵は施設科、輜重兵は輸送科、そして歩兵は「普通科」と呼ばれる。

普通とは、高級とか特殊とかに対して一般的の意味で、これではよくわからない。はじめからの疑問が解けぬまま頭の中で歩兵と読み代えるのがフツーとなってしまった。

旧漢字では「歩」であって「歩」は俗字にあたる。同じ部隊史でも大正六（一九一七）年に出版された『歩兵第三聯隊史』に対して昭和三九（一九六四）年に出た本は『歩兵第三連隊史』となる。

戦後の辞典、たとえば昭和三〇（一九五五）年に出た簡野道明著の『字源』（角川書店・増補改訂版）にも歩は出ているが歩は出ていない。「歩卒」「歩士」などもあり、いずれも歩く兵隊である。

読みは「ほ」または「ぶ」で、将棋の最下級のコマもまた歩兵だが、こちらは「ふひょう」略して「ふ」と呼ばれている。江戸庶民のなまりでもあろうか。

原典は『晋書・阮籍伝』とあり晋時代はAD二六五〜とあるから、実に一六〇〇年前の中国兵制の言葉を使ったことになる。

日本陸軍にはじめて歩兵隊が生まれたときは、明治四（一八七一）年ことになる。はじめての陸軍兵科は歩兵・砲兵・鍬兵（工兵—作業にくわを使う）・輜重兵の四科で、騎兵の誕生はまだあとのこと。

『歩兵操典』（以降〝歩〟の字を用いる）は歩兵科のマニュアルだが、その綱領の一に「歩兵ハ戦闘ノ主兵ニシテ戦場ニ於テ常ニ主要ノ任務ヲ負担シ戦闘ニ最後ノ決ヲ与ウルモノナリ、故ニ他兵種ノ協同動作ハ歩兵ヲシテ其任務ヲ達成セシムルヲ以テ行ワルルヲ主眼トス」と書かれてある。

明らかに歩兵絶対主義であり、極端にいえば他の兵科は戦車も航空機も歩兵を助ける補助兵科となる。

歩兵の兵科色は朱に近い赤の緋色であるが、忠誠・熱血を示すカラーであった。

『歩兵の本領』という軍歌は、何百万という日本の若者

近代戦でも軍の主力兵科として戦ってきた歩兵

に歌われたが、その第一節に、

〽万朶の桜か襟の色……とあるのは、襟の兵科色を指している。

理屈をいえば桜の花は散りぎわの潔い武士のカラーだが、薄いピンク色であり緋色とは似ても似つかぬ色である。豪傑ぞろいの軍人には枝葉末節、どうでもいいことだったのであろう。

さらにこの『歩兵の本領』は、

〽大和男子と生れなば散兵線の花と散れ……とか、ああ勇ましのわが兵科……とか、まるで歩兵でなければ軍人でないといった調子の高いトーンがつづいている。

白兵戦を最終的な勝利としたこの歩兵至上主義は、しだいに補給・情報・医療といった後方業務を軽視するようになり、近代軍隊としてアンバランスな形となってくる。

すべてが機甲化、自走化の傾向にある近代軍では、トラックや装甲車に乗って最前線まで移動する歩かない歩兵となってきたが、各国とも伝統を重くみて歩兵師団や歩兵連隊の名を残し、馬が一匹もいないヘリコプターで動く兵科にも騎兵師団の名を残している。

英和辞典でINFANTRYを引くと、歩兵・歩兵隊と訳され、今でもりっぱに国際常用語として通用している。

逆に和英辞典で普通科を探してもNOMAL COMMONなどで、ふたたびINFANTRYにはたどりつけない。（陸）　（↓兵科色下6・白兵3）

ヨーチン

衛生兵の綽名(あだな)。衛生兵は古くは看護卒・看護兵とも呼ばれ、衛生部に所属して軍医の指揮で傷病兵の治療や看護から戦場の防疫、占領地住民の手当てまで幅広く面倒をみる。

軍隊の健康管理や傷病兵の医療は大切なことで、それぞれの兵科の活躍を織り込んで歌った軍歌『日本陸軍』のなかでも、

〽収容せらるる将兵の　命と頼むは衛生隊

とあるのに、万事に戦闘兵科優先の日本陸軍では、経理・衛生・獣医・軍楽といった各部の兵を軽く見る風習があり、この綽名にも少々その匂いがする。

第一線では**繃帯所**(ほうたいじょ)を足場に、腕に赤十字の腕章をまき、肩から薬や包帯を詰めた衛生嚢(のう)をかけた衛生兵が戦場をとび回る。正規な医学の教育を受けたわけでも、医師の資格があるわけでもないので、診断や手術は軍医や後方の野戦病院にまかせ、傷病兵の後送と応急手当てに徹する。

ときには、その手当ても軍隊特有の荒っぽさがあり、腹が痛ければ征露丸をのませ、軽い傷ならヨーチンをひと塗りしてすませたので、これが綽名の由来となる。ヨーチンは、消毒薬をアルコールで溶かしたヨードチンキを略したもので、赤い消毒薬のマーキュロクロムを赤チンと略したのと同じ。

何かといえばヨーチンですませる手軽な処置は兵たちには不満だが、いまでも「医は算

術」に徹した征露丸・ヨーチン的医者はあとを絶たない。（陸）

陸戦隊【りくせんたい】　陸上で戦うのが陸戦隊ならば陸軍はすべて陸戦隊だが、ここでは日本海軍の陸戦隊をいう。陸戦隊は、英語でネイバル・ランディング・パーティ（NAVAL LANDING PARTY）、米語ではマリン・コー（MARINE CORPS）で、今ではどの国のものも**海兵隊**と訳され子供でも知っており、陸戦隊は死語となった。

植民地をもち外地派兵の機会の多い国にあるが、植民地のないロシアも海軍歩兵という陸戦隊師団が海のないアフガニスタンで戦った。世界中に散在しているアメリカの在外公館の警備も伝統的に海兵隊の仕事であり、ベトナム戦争で陥落寸前のサイゴンでは、最後の最後まで大使館を守って応戦していた。

旧日本軍は、陸・海の二軍制で陸戦隊は海軍に属し、自衛隊は陸・海・空の三軍制で海兵隊はない。上陸作戦専用の輸送艦をもちながら海兵隊をもっていないのは海外派兵をしない建て前からだが、それも変わってきた。

英・仏・独・ロも三軍制で、落下傘部隊は空軍に、海兵隊は海軍に属している。自称「世界の警察官」のアメリカは、めったやたらに海外派兵するため、強力な海兵隊は独立して陸・海・空・海兵の四軍、戦時には沿岸警備隊（コースト・ガード）が加わって五軍となる。

明治のはじめには日本にも「海兵隊」があり海軍本体がそうであったように、イギリス海軍のお傭い軍人の手でつくられた。ホース海兵大尉というのが明治四（一八七一）年一〇月に、海軍兵学校とは別に「**海軍士官学校**」をつくり、プリンクリー海兵大尉を教師にして幹部を養成した。

旧各藩から志願者を集めて、紺のウール地に四列五段の黒紐肋骨の上着、赤い筋の入ったズボン、赤や黄のボンボンのついた帽子といった派手な軍服の一三九〇名の海兵隊員が生まれた。軍服研究の大田臨一郎氏が、「英海軍のレプリカといってよく、華麗という点からすれば、日本服制史上、比類なし」（『日本近代軍服史』）と評するようにバタ臭い兵隊であった。

この時代は、維新戦争直後の内政重視策で、明治七（一八七四）年の**台湾出兵**でも陸軍の旅団が派遣され、明治一〇（一八七七）年の**西南戦争**にも海兵隊の出番がなかったため不要論が起こり、翌年には全廃され、海軍に編入されて陸戦隊となった。

海軍陸戦隊は大きく三つのタイプに分類される。

第一のタイプでは、艦の乗組員を臨時編成して陸戦兵器をもたせた小規模な隊で、軍艦の名をとって「〇〇陸戦隊」と呼び、在留邦人の救出などに使われる。

明治三三（一九〇〇）年の**義和団拳匪**（排外的国粋主義者）による**北清事変**では、北京の日本公使館を守った陸兵や義勇兵とともに駆けつけた「愛宕陸戦隊」の二五人が〝北京の五十五日〟の籠城戦をがんばった。

もっと大部隊が必要となると、艦隊の各艦から兵力をピックアップして「**連合陸戦隊**」ができる。小銃を持つ銃隊、機関銃を持つ機銃隊、小口径の砲の砲隊に軽戦車や装甲車をつけて戦闘の主力とし、これに工作隊・医務隊・陸軍の工兵に当たる設営隊が加わって強力な部隊となる。

昭和一二（一九三七）年の第二次**上海事変**では、巡洋艦「由良」「鬼怒」「名取」から抽出した「第八艦隊連合陸戦隊」五〇〇人が押っ取り刀（おっとりがたな）で戦場に駆けつけた。

第二のタイプは、各鎮守府の海兵団を中核にして、ときには防備隊の兵も加わって編成される**特別陸戦隊**で、鎮守府の名をとり複数ある場合には「横須賀鎮守府第一特別陸戦隊」、長いので略して「横一特陸」といった名前がつけられる。いくつかの「特陸」が合して大きな部隊となれば「**連合特別陸戦隊**」となり、指揮官は幕僚（参謀）を従えた司令官となる。大正四（一九一五）年の第一次世界大戦の青島戦線で初陣を飾った「連特陸」は、日中戦争ではアモイ上陸戦や海南島上陸戦で陸軍と同じ働きを見せ、太平洋戦争では、南方各地の島嶼（とうしょ）戦で孤軍奮闘した。

第三のタイプは、一定の土地に常駐する特別陸戦隊で、その代表的な例で勇名を馳せたのは、上海の日本租界に司令部を置いて在留邦人と権益を守った「**上海特別陸戦隊**」であろう。全海軍のなかから精鋭を選抜して編成された、この略称「**しゃんりく**」の強さは昭和七（一九三二）年の第一次、昭和一二（一九三七）年の第二次の二度にわたる上海事変で大いに喧伝された、

しだいに高まる抗日・排日の機運のなかに、狭い日本租界に閉じ込められ、包囲する数十倍の中国正規軍のほか、周囲すべての民衆が敵である。全世界が注目する国際都市上海の建

物から建物への凄まじい市街戦の連続で、西南戦争での熊本籠城戦と同じように、陸軍の援軍が来るまでの苦しい持久戦であった。陸軍が攻撃第一主義であったのに対して、こちらは防御第一主義で、専守防衛を旨とする今の自衛隊のお手本となるかもしれない。

兵力は約一三〇〇人、当時陸軍ももっていないイギリス製のクロスレー装甲車や、アメリカ製のハーレー・ダビッドソン機銃つき自動二輪車（オートバイ）、スイスから輸入したドイツ製ベルグマン短機関銃（サブマシンガン）など最新鋭の装備を身につけていた。

太平洋戦争では各地で激戦が展開されたが、その一つに昭和一八（一九四三）年一一月のギルバート諸島・タラワ島の玉砕戦がある。この戦いの特徴は、第一に、米軍最初の太平洋における上陸戦闘だったこと。第二に、海軍最初の玉砕戦であったこと。第三に、両軍とも最精鋭の敵前上陸専門部隊、つまりマリーン同士の戦闘だったことが挙げられる。

攻める米軍は、海上と航空の十分な支援を受けたガダルカナル島歴戦の第二海兵師団約三万、守る日本軍は佐世保鎮守府第七特別陸戦隊に設営隊の軍属も含めた約四八〇〇、文字どおり孤立無援、多勢に

ニコバル島奇襲上陸後、皇居遥拝を行なう海軍陸戦隊

無勢の戦いであった。

平均海抜一メートルの平らな島での戦闘はわずか四日間で終わったが、少数と見て油断した米軍の被害は戦死三二八九名と予想以上のものだった。これは数か月にわたるガダルカナル戦の損害を上回り、報告を受けたアメリカ議会では大問題となった。このあと米軍は、上陸戦のシステムを大改革し、編成・装備・兵器・戦法のすべてに手を加えなければならなかった。

陸戦隊の戦死は司令官の柴崎恵次少将以下四六九〇名、傷病者は小銃の銃口を口にくわえ、引き金を足の指で引いて自決し、捕虜となったのは重傷で自決できなかったわずか一七名の陸戦隊員と若干の朝鮮人設営隊員だけだった。従軍記者のロバート・シャーロッドは「太平洋で最も激しい戦闘だった」と記している。

戦争も中段から後段に入ると、各地の陸戦隊は防衛隊・警備隊、あるいは配属各科を合わせて「**根拠地隊**」や「**特別根拠地隊**」と名称を変えた。

たとえ名称が変わり、専門兵科ではなくなっても、陸上戦闘にまき込まれれば実質的には陸戦隊となる。激しいマニラ市街戦で瓦礫の下に全滅した岩淵三次少将指揮のマニラ海軍防衛隊や、沖縄の小禄半島を守って玉砕した太田実少将指揮の沖縄方面根拠地隊の戦いぶりは陸戦隊そのものであった。

末期には日本海軍の軍人・軍属は一三〇万人にのぼったが、乗るべき船も、飛ばす飛行機もほとんどなくなり、連合艦隊司令部をはじめ全員が陸に上がった河童となり、やがて本土決戦のために各鎮守府・警備府のすべてをあげて「連合陸戦隊」とした。ごく少数の航空隊と、敵艦にぶつかる特攻隊を除いて、一三〇万人の陸戦隊と化したのであった。（海）
（↓鎮守府1・海兵団4）

連合艦隊【れんごうかんたい】

もとは国際聯盟や歩兵聯隊、ソ聯邦などと同じく聯合艦隊だったが、「聯」が常用漢字にないためにこの連合艦隊となった。連も聯も、つらなる、組み合わせるという同じ意味だから、いまでは歴史を記録するために使う以外はどちらでもよいであろう。

かつて連合艦隊は日本海軍の代名詞でさえあった。慶応四（一八六八）年春に、大阪の天保山沖にはじめて明治天皇が行幸して、日本海軍最初の観艦式が行なわれた。参加した艦隊はわずか六隻二四五〇トンだったから、いまの一隻の護衛艦程度だが、戦争につぐ戦争、拡張につぐ拡張で大戦前には三九〇隻、一一〇万トンの大海軍にふくれ上がる。

〝戦争に勝つポイントは兵力の集中にあり〟で、どこの国の海軍も主力戦闘艦を一つに結集した艦隊をつくり、それにふさわしい名づけをした。

世界の制海権を握りながらイギリス海軍の勇戦に敗れたスペインの「無敵艦隊」ALMADA、その後七つの海に君臨したイギリスの「大艦隊」GRAND FLEET、艦体を純白に塗って国民に愛されたアメリカの「白艦隊」WHITE FLEETなどに匹敵する最大唯一の日本艦隊がこの連合艦隊で、電信略符もイギリス大艦隊のひそみに習ってGFとなる。

防衛学会編の『国防用語辞典』によると、連合艦隊とは、〝戦時・事変または演習のとき艦隊二個以上をもって編成され、司令長官は天皇に直属し、軍政に関しては海軍大臣の指揮、作戦計画に関しては軍令部総長の指示を受けた〟と説明されている。

ついでにつけ加えると、軍艦二隻以上とか軍艦一隻と「駆逐艦」や「潜水隊」二隊以上を組み合わせたのが**戦隊**であり、二個以上の戦隊を組み合わせたのが**艦隊**で、艦隊の組み合わせが連合艦隊となる。**水雷戦隊**は巡洋艦と駆逐艦の集まり、**潜水戦隊**は**潜水母艦**と潜水艦の集まりということになる。

日本の歴史に連合艦隊の前身が最初に登場したのは明治二七（一八九四）年七月一〇日、日清戦争の火ぶたが切られたわずか一週間前のことで、名づけ親はのちに日本海軍生みの親といわれるようになった鹿児島出身の山本権兵衛大佐である。

当時海軍には、なけなしの金で造った一級鋼鉄艦で編成されている**常備艦隊**と、鉄骨木皮の旧式艦からなる**警備艦隊**（または西海艦隊）と呼ばれる二艦隊があった。

前者は外洋攻撃部隊であり、後者は沿岸防備部隊の性格と任務があったが、この二つの艦隊を合わせたのが連合艦隊であり、内容的には日本海軍の戦力のすべてであった。

このころは、戦争が始まると連合艦隊をつくり、終わると解散した。日本海海戦の大勝利のあと日露戦争が終わると、連合艦隊は解散したが、そのときに東郷平八郎司令長官が残した「古人いわく、勝ってかぶとの緒を締めよ」で終わる「連合艦隊解散の辞」は名文として有名である。

日本海海戦での「敵艦見ゆとの警報に接し……本日、天気晴朗なれども波高し」の艦隊出撃電文や、攻撃直前の「皇国の興廃この一戦にあり、各員一層奮励努力せよ」の激励命令とともに、先任参謀の秋山真之(さねゆき)の手になるものといわれている。秋山は俳句の正岡子規と松山中学の同窓で、海軍に行かなければ大文豪になったであろうと伝えられている。

太平洋の波が高くなってきた昭和八（一九三三）年以後、この臨時体制が常備体制となり、戦時・平時にかかわらず連合艦隊は日本海軍そのものとなる。

開戦の直前に、宮中で、昭和天皇が〝海軍はどこまで戦えるか〟と質問したのは海軍大臣でも軍令部総長でもなく、山本五十六連合艦隊司令長官にであった。艦隊数一五となった〝グランド・フリート〟は天皇と国民の頼みの綱でもあった。〝連合艦隊健在なり〟が戦争中の国民の安心感のベースであり、島国民族の本能のようなもので、この心情は大陸民族にはわからない。

同じように、南方の孤島で連合軍の圧倒的な海空軍に包囲されて全滅寸前の兵隊たちの気持ちも、〝今に水平線の向こうから連合艦隊が助けに来てくれる〟というのが合言葉でもあった。

戦場の実相はすでに大艦巨砲の砲撃戦から

連合艦隊司令長官山本五十六大将

航空母艦群を軸とする機動艦隊の独り舞台となり、わが連合艦隊は戦理に反した兵力分散も手伝って各個撃破されていった。

籠城の友軍を支援する前に連合艦隊は消滅し、将兵は空しく玉砕していった。

期待された連合艦隊の大挙出動は、三年八か月の太平洋戦争のうちわずか三回、ミッドウェー海戦(一九四二)、マリアナ海戦・レイテ海戦(一九四四)だけであり、七〇年間腕を磨いた戦艦同士の砲撃戦といった艦隊決戦は実現せずに全滅していった。

終戦時に戦闘可能の連合艦隊のフネは、航空母艦一隻、巡洋艦三隻、駆逐艦二五隻、潜水艦九隻と伊藤正徳の『連合艦隊の最後』には記されている。

日本海軍を心から愛した元海軍省記者の伊藤はGFへの弔文として、〟連合艦隊を亡ぼしたるものは日本なり、敵国に非ざるなり〟と喝破している。(海)

3. 戦　闘

一番乗り（陸）
凱旋（共）
合戦（海）
干戈（共）
感状（共）
橋頭堡（共）
玉砕（共）
行軍（共）
轟沈（海）
散兵（陸）
死守（陸）
支那事変（共・民）
事変（共）
終戦（共・民）
誰何（共）
征伐（陸）
戦場掃除（陸）
戦闘旗（海）
戦闘詳報（共）
蛸壺（陸）
血祭り（共）
徴発（共）
敵手（共）
転進（共）
伝単（共）
トーチカ（陸）
吶喊（陸）
肉攻（陸）
肉弾（陸）
敗残兵（陸）
爆弾三勇士（陸）
白兵（陸）
匪賊（陸）
火蓋を切る（共）
俘虜（共）
閉塞戦（海）
便衣隊（陸）
砲煙弾雨（共）
要塞（陸）
鹿砦（陸）

有名なタレント公演の列に前の夜から並んだり、候補者が選挙管理委員会に真っ先に駆けつけて登録をすますと、この一番乗りが使われるので死語ではないが、戦争中のように手柄にはならず、まして勲章などもらえない。

一番乗り【いちばんのり】 もともと源平時代からのさむらい言葉で、最初に敵の来襲に当たる「一番受け」、真っ先に敵陣に駆け入る「一番駆け」、戦場で最初に討ち取った「一番首」、最初にあげた功名の「一番槍」などとともに武士の栄光を表わす表現である。

昔は戦闘も個人芸で、敵の城や敵陣に最初に乗り込む一番乗りも個人の名誉だったが、伝統は受け継がれるもので、近代に入っても日本軍は部隊の名誉を賭け血相を変えて一番乗り争いをした。

有名なのは**日清戦争**の「原田重吉一等卒、平壌城玄武門一番乗り」。戦後彼は**金鵄勲章**(きんし)をもらい、錦絵や芝居のヒーローとなったが、いっしょに突入した戦友が全員戦死したので一番乗りの名誉は彼のものとなった。

明治三三(一九〇〇)年の**北清事変**のときも、太沽(ターク―)要塞の攻撃で白石葭江大尉の一番乗りが喝采を浴びた。このときは同盟軍の英軍との功名争いとなり、先着したものの国旗を持っていなかったので、指を切った血で日の丸を作り砲台に掲げた。

しだいに戦争が大規模・組織的になってくると、もう個人の武勇伝は時代遅れで仲間部隊同士の先陣争いになってきた。日本陸軍は、県別に地方連隊をつくる「郷土部隊」だったから、この先陣争いも青森県対山形県、愛知県対岐阜県といった郷土意識丸出しの競争になり、国民体育大会の戦争版めいてくる。昭和一二（一九三七）年、日中戦争で首都南京の一番乗りは、福井の歩兵第三六連隊―脇坂部隊が名を挙げた。

それからは規模もますますエスカレートして、マレー半島を急進撃してシンガポール島を攻略するレースでは、並行して進む三個師団の対抗戦となった。こうなると、近衛師団（関東）、第五師団（中国）、第一八師団（九州）の地方ブロック戦化する。

こういった功名争いはやはり外国軍にもあった。昭和一八（一九四三）年七月の連合軍のイタリア・シシリー島の戦闘でも要衝メッシナを目指してアメリカ軍のパットン将軍とイギリス軍のモンゴメリー将軍が子供のように張り合って一番乗りゲームに命を賭けた。こうなるともう国の名誉がかかってくる。

また、昭和二〇（一九四五）年二月、火山列島の硫黄

広東省政庁を占領して万歳三唱をする一番乗りの部隊の兵士たち

島に上陸した六万のアメリカ軍は、第三・第四・第五海兵師団のコンクールとなった。そして南端の摺鉢山に星条旗を立てた師団が名声をあげ、その銅像はマリーン魂のシンボルとしてワシントンのアーリントン墓地に飾られている。

五人の海兵隊員が星条旗を摺鉢山（すりばちやま）（標高一七〇メートル）の山頂に押し立てている写真も一番乗りの記念写真として有名だが、これも最初の旗が小さかったために絵にならず、『ライフ』誌のカメラマンの注文でもう一度、大きな星条旗に替えて撮り直したという。

今ならば問題になる〝やらせ撮影〟である。（陸）　（→金鵄勲章下6）

凱旋【がいせん】　パリのシャンゼリゼ通りを毎日のように訪れる日本ギャルたちは、目の前の石造りの大きな門が有名な「エトワールのがいせん門」であることを知っているし、なかには勉強してそれがナポレオン陸軍栄光の記念碑であり現在は無名戦士の墓となっていることを知っているものも多い。

しかし、常用漢字に入らない「凱旋」の「凱」という字を書けるのは何人いるだろうか。高校野球で真紅の優勝旗を手に郷土にがいせんし、がいせん将軍の監督を中心にがいか（凱歌）をあげる甲子園球児たちも同じであろう。おぼろげに言葉は残っているが、字は死滅している。

「凱」にはやわらぐ・たのしむ・善人などの他に戦勝の意味があり、勝利であげる勝鬨（かちどき）も表わす。「凱歌」は戦勝のときに歌う歌であり、凱旋は戦いに勝って凱歌を歌いながら国に帰ることである。いわば兵語の一種で凱旋歌にも戦勝の音楽の「凱楽（がいらく）」があるが、このほうは日本ではあまり使われない。

長い苦闘の末、戦争が勝利に終わると兵士たちは勝ちいくさに胸を張り、労役と危険から放たれて命を全うした喜び、故郷に帰れる嬉しさにあふれて国に凱旋してくる。これを迎えて国民の旗行列・提灯行列・花火大会がつづき、将兵は「凱旋式」に参加する。いずれも天皇が閲兵（えっぺい）し、陸上では「凱旋観兵式」、海上では連合艦隊の「凱旋観艦式」が挙行される、国を挙げての戦勝パレードである。

この観兵式のとき、分列行進の将兵がくぐる門が凱旋門であり、一八九五年の日清戦争のときには日比谷練兵場に、一九〇五年の日露戦争では宮城（皇居）前に急造された。

泥沼となった日中戦争では、勝利の目途（めど）もつかないまま戦場の兵士の兵役満期がくると新兵と交代して内地に帰ったが、兵士たちはいちように「さあ凱旋だ」と喜んだ。兵士にとっては国の勝敗に関係なく生きて家に帰ることが凱旋の実感であった。

さすがに有史以来の大敗戦となったときには、凱旋の言葉を使うわけにもいかず、「復員」という散文的な用語が使われた。（共）

（→観兵式1）

合戦【かっせん】 日本語で戦争とか戦略・戦術・戦闘という言葉が使われるようになったのは、おそらく明治以後のことと思われる。

それ以前は、戦争は「前九年の役」の役、「大阪夏の陣」の陣であり、別に俗語として

「神功皇后の朝鮮征伐」「秀吉の九州征伐」というように征伐の句を使ったときもある。某自衛隊の資料館の展示品の説明に〝台湾征伐〟という表示があり地元の人が中国人蔑視であると騒ぎになったが、征伐は進撃・撃滅で戦争の別な言いまわしでしかないとの意見もある。

明治一〇（一八七七）年の西郷隆盛の西南戦争も引きつづき「西南の役・九州征討」などの名でも呼ばれていた。

また局面の戦いである戦闘は、行なわれた地名を取って「桶狭間の合戦」「壇の浦の合戦」となり、役・陣・合戦の言葉は、明治以降は版画や絵巻物の世界とばかり思われている。日本軍となってからは、戦争・会戦（大規模戦闘）・戦闘となって陸軍の兵語にもなるが、日本海軍のなかには、この古めかしい「合戦」が正規の用語として生きつづけていた。

海軍でも艦艇の戦闘は海戦であり、空中で航空戦、水中で潜水艦戦、陸上で陸戦となるわけだが、この海戦のときの砲撃戦や水雷戦が合戦と名づけられて生き残っていた。

敵が近づいてくると、まず艦隊に「合戦準備」のラッパが鳴り響いて総員が戦闘配置につき、つづいて〝右砲戦〟とか〝左水雷戦〟とかの号令がかかる。

つねに新しい兵器に取り組み、陸軍よりもスマートなイメージの日本海軍が、なぜレトロの言葉を使っていたのか。周囲が新しいだけにかえって伝統的なものを重視し、アイデンティティを保とうとする気持ちが働くのかもしれない。

そういえば、海上自衛隊の自衛艦旗はかつての軍艦旗そのままであるし、隊員の制服も海軍の水兵服そっくりである。まさか、この合戦の号令はもう使われていまいと思っていたら、

それが生き残っていた。(海)

干戈【かんか】 干の字はたくさんの意味をもっている。おかす・さからう・もとめる・ふせぐ・あずかる・てすり・かわく等々盛りだくさんだが、そのなかに矢を防ぐ盾もある。

一方、戈とは長い柄の先に両刃の剣をつけた殺傷武器の矛のことで、つまるところ、干戈は盾と矛となる。これが転じて敵を防ぎ武器をとって闘うこと、防御と攻撃となり、さらに転じて〝干戈を交える〟は戦争をさす言葉となった。

文天祥の詩に〝干戈落落四周星(戦争をして五〇年)〟があり、太平洋戦争の初頭に勇名をはせた「**加藤隼戦闘隊**」の飛行第六四戦隊の隊歌にも、

〽干戈交ゆる幾星霜
七度重なる感状の……

の一節がある。(田中林平・作詞/原田喜一・岡野正幸・作曲)

矛と盾を使った熟語は他に「矛盾」があるが、これは絶対に矛を通さない盾と絶対に盾を突き破る矛を同時に売っている男の故事に因んだ言葉で、つじつまの合わないことを言い表わしているが、これにも干戈と同じ戦争の意味もある。

同じように武器を表現する「鋒鏑」という言葉もある。鋒は人を突き刺す幅の広い両刃のほこで、このごろは矛とか鉾の字になるが「舌鋒鋭く詰め寄る」のあれである。鏑は矢のこ

とで、合わせて武器の言い換えとなる。（共）

感状【かんじょう】 戦場で大手柄をたてた部隊や個人の将兵に対して、軍司令官や師団長といった最高指揮官から与えられる表彰状。

旅団長や連隊長にはその権限はない。

部隊は大は師団全体から小隊まで、文章は筆の立つ参謀がその戦闘ぶりと功績を詳しく記して〝よって全軍の模範とするに足る〟と締めくくり、司令官の署名を入れて全軍に公布する。この感状の写しは宮中の天皇のもとに届けられることもあるが、これを〝感状上聞に達する〟という。一番乗りの兵隊への個人感状ともなるとまさに軍人最高の名誉で、昇進・昇格に**金鵄勲章**（きんし）まちがいなし、いちはやくヒーローとなる。勲章と違って手柄が重なれば、同じ部隊や個人が何度でももらい、飛行第六四戦隊などは七回も授与されている。

〽七度（たび）重なる感状の　いさおの陰に涙あり……、と『加藤隼戦闘隊』という戦時歌謡に残っているが、作詞・作曲とも飛行隊員の手になる隊歌であったことは、あまり知られていない。（共）

（↓金鵄勲章下6）

橋頭堡【きょうとうほ】 陸戦は地形に大きく影響されるから、敵陣を見下ろせる高地や敵を遮断する川は重要な拠点である。

大きな川には橋がかかっており、これを確保すれば進退が自由、落とせば敵の進攻を防げるから橋をめぐって争奪戦がくりひろげられる。戦いに勝って橋を奪取すると、その橋に堡塁（陣地）を築いてこれを守るが、この陣地を橋頭堡という。

近世では爆撃で橋が落とされることを前提にして、陸上部隊に渡河用の折り畳み舟艇や車に載せた自走架柱橋などが配属されて自力で川を渡れる戦法も生まれ、橋頭堡の言葉はむしろ上陸作戦で使われるようになってくる。

まず上陸海岸を強襲した先行部隊が陣地を築き物資を集積し、ときには簡単な舟着き場も作って後続の部隊を受け入れる。この海岸の根拠地に、昔からの野戦用語の橋頭堡を転用して太平洋戦争中は大いに使われた。

もともとは英語のBRIDGEHEADの訳だが、海岸のほうの英語のBEACHHEADは訳すゆとりもなかったのか、橋頭堡をそのまま転用したのであろう。海岸堡あるいは岸頭堡とでもいうのであろうか。（共）

玉砕【ぎょくさい】 大戦が三年目に入った昭和一八（一九四三）年五月三〇日、日本国民はラジオの臨時ニュースから信じられない敗戦の悲報と耳なれない新語を聞かされた。

「大本営発表。アッツ島守備部隊は五月一二日以来極めて困難なる状況下に寡兵よく優勢なる敵に対し血戦を継続中のところ、五月二九日夜、敵主力部隊に対し最後の鉄槌を下し皇軍の神髄を発揮せんと決し、全力を挙げて壮烈なる攻撃を敢行せり。その後通信は全く途絶、全員玉砕せるものと認む。傷病者にして攻撃に参加さざる者は、これに先立ちことごとく自決せり」

北極まわりの航空路でヨーロッパに飛ぶとき、眼下に連なるアリューシャン列島のなかのキスカ島と西端のアッツ島は前の年の六月、陸軍部隊が無血占領して名も熱田島・鳴神島と改め、前進飛行場を建設中であった。すでに占領していた米領フィリピンは植民地、グアム・ウエーキ島は委任統治領であったが、この両島は純然たるアメリカ領土であったため、米軍は国の威信をかけてその奪回作戦に乗り出した。春の雪解けを待って大艦隊で島を包囲し、山岳戦専門の第七歩兵師団二万の大軍をアッツ島に上陸させた。開戦以来敗戦つづきの米軍の面目をかけた最初の反攻である。

島を守ったのは山崎保代大佐の指揮する北海守備隊二六三八名の部隊で、寒さに強い北海道・東北の兵士からなり、兵力比は師団対連隊七対一の大差であった。

戦術上の定説では包囲側は防御側の三倍の兵力を必要とするとあったから、勝敗は上陸の日から明らかであった。南方戦線に目いっぱい持ち駒を張っていた陸軍はとうてい援軍を出せず、二週間にわたる死闘をつづけたが、結局全滅した。

翌朝の新聞は、はじめて登場した「玉砕」という新語を声高に説明した。中国の『元景安伝』という古書にある「大丈夫寧可玉砕不能瓦全（勇士は瓦となって全うするよりむしろ玉となって砕けん)」が語源であり、これこそ日本武士道の精華であると賞揚した。

冷厳な事実は玉砕とは全滅のことであり、攻撃側から見れば包囲殲滅(せんめつ)したことを意味する。軍隊の常識では兵力三分の一の死傷で攻撃力を失い、三分の二で全滅としていたが、アッツ島の戦死者は負傷して捕虜となった二七名を除いて、実に九九パーセントとなり、文字どおりの全滅である。

包囲された軍隊が全滅する例は「城を枕に討死」など戦国時代からいくらもあり、日清戦争でも後方の補給隊が、日露戦争でもロシアのコサック騎兵に踏みにじられた八田砲兵隊、シベリア出兵の田中大隊、日中戦争でも共産八路軍の待ち伏せを受けた板垣兵団の輜重隊など多くの例がある。昭和一四(一九三九)年のソ連とのノモンハン事件も死傷者は全軍の七三パーセントにのぼったが、全滅はもちろん玉砕という言葉も使われなかった。

「全滅」の言葉を使うと、熱しやすく冷めやすい日本国民の士気を衰えさせ、また最後まで健闘した山崎部隊の名誉をそこなうために、大本営報道部が引っ張り出した古語が玉砕であったわけだ。この言葉のすり替えで惨憺(さんたん)たる敗戦が隠され、『海行かば』の荘重なメロディに彩られて中世武士道的な美意識が高揚され、全滅したが勝ったという不思議な精神作用をもたらした。

もともとわが国は「言魂(ことだま)の国」といい、言葉の言い換えで本質を美化できる国民性がある。女中がお手伝いさんとなり、女性事務員をＯＬと変えれば何か実体が変わったような気になっている現在でも、このあたりは変わっていない。

この言葉の言い換えで本質を変える作業は、戦時中に陸海軍を問わずひんぱんに行なわれ、退却を**転進**、撃墜された飛行機を**自爆**、沈められた船を**喪失**などと、次々と造語が使われた。自爆と喪失の結果、転進や玉砕となると敵にやられた兵器の損害はなく、退却も全滅もまるでなかったことになる。

このため、一般の国民には悲惨な前線の実相はちっとも伝わらず、したがって敗戦にいたる戦局のプロセスも最後までわからず、昭和二〇（一九四五）年夏に突然おとずれた敗戦の報に茫然とすることになる。

敗戦は徹底的な無条件降伏であったが、このときも敗戦を**終戦**と言い換えて、その言葉が「終戦後の新記録」などと今にいたるまで生きている。

アッツ島に始まる玉砕戦はその後二年間、連合軍の猛反攻で各地で繰り広げられた。ギルバート諸島のマキン・タラワ島、マーシャル諸島のクエゼリン・ルオット島、マリアナ諸島のサイパン・グアム島、火山列島の硫黄島、そして最後に沖縄までつづいた。

サイパンや沖縄では多数の民間人が戦火の犠牲となったが、軍の発表は民間人に一線を引き「在留邦人は終始軍に協力し、およそ戦い得るものは敢然戦闘に参加し、おおむね将兵と運命をともにせるものの如し」とあいまいな表現をとっている。ちなみに、ガダルカナル島やビアク島、ニューギニアの各戦線での惨憺たる敗戦には玉砕の言葉は使われなかった。

（共）　　（→転進3・死守3・終戦3）

行軍【こうぐん】

軍隊が隊列を組んで長い距離を移動すること。少人数や短い距離では行軍とはいわない。

徒歩部隊はもちろん、乗馬部隊や自動車部隊・戦車部隊などの移動も行軍なのだが、どうしても鉄砲を担ぎ、重い背嚢(はいのう)を背負い、汗をだらだら流してひたすらに歩きつづける歩兵部隊のそれがイメージとなる。

「行軍ハ作戦行動ノ基礎ヲ成スモノニシテソノ計画ハ適切、実施ノ確実ナルハ諸般ノ企図ニ好果ヲ得ルノ要素ナリ、而(しこう)シテ軍隊ハ堅忍不抜ヨク困難ナル地形、天候ヲモ克服シ連日長距離ニワタル行軍ヲ敢行シ得ザルベカラズ」と『陸軍作戦要務令』にあるが、戦闘とともに軍隊の行動のメインとなる。

要務令には速度や行程の基準も示してあり、徒歩部隊では一時間に四キロ、自動車部隊で一時間一二キロから二〇キロ、時間ごとに小休止で一息入れ、大休止で食事をとる。

また一日の行程の目安は徒歩部隊で二四キロ、騎兵で四〇キロから六〇キロ、自動車部隊で約一〇〇キロとしている。二四キロは昔流にいえば約六里で、東海道の小田原宿を発った旅人がけわしい箱根八里を越えて、一日行程で三島の宿まで歩いたことを考えると、昔の人のほうが健脚だったかもしれない。

この速度のピッチをあげて行程を伸ばすと強行軍となる。小休止なしで歩きながら水を飲み、眠りながら歩くことになるが、落伍して敵中に残されることは死を意味するから必死である。

明治三五（一九〇二）年一月、きたるべき日露戦争にそなえて青森の歩兵第五連隊第二大隊が、おりからの大雪の中を八甲田山縦断の行軍を行なった。防寒服が未発達のうえ、計画が杜撰（ずさん）だったために行軍は大失敗し、二一〇人中一九九人が雪の中で凍死する大惨事をひき起こした。「**八甲田山雪中行軍**」として知られる失敗例である。

陸上自衛隊の幹部候補生学校（久留米市）では、今でも伝統的に二夜三日がかりで一〇〇キロを歩きつづける行事があるが、これも一〇〇キロ行軍と呼ばれている。旧日本軍を想像させる軍や兵の熟語を極度に嫌う自衛隊で例外的に使われている珍しいケースである。

戦時中、軍隊調一色に染まった学校でも、それまでの遠足やハイキングを行軍と呼ぶようになった。春の高尾山行軍や秋の靖国神社参拝行軍がそれだが、摘（つ）んだ野花を手にして賑やかに歩く女学生部隊の行軍は、男女共学のなかった時代の少年たちにはまぶしいものであった。（共）

轟沈【ごうちん】　開戦三日目に、シンガポールを基地にしていたイギリスの東洋艦隊は、主力戦艦二隻が日本海軍航空隊に撃沈され全滅した。第一報を手にした、時の英首相チャーチルは終日無言だったという。

そのときの大本営発表。「午後二時二七分、戦艦レパルスは瞬時にして轟沈し、同時に戦艦プリンス・オブ・ウエールズはたちまち大傾斜、暫時遁走せるも間もなく午後二時五〇分大爆発を起こしついに沈没せり」

敵発見が午前一一時半、攻撃終了が午後二時五〇分、発表は四時半であったから、おそろしく手回しのよい戦闘とニュース報道であった。

轟沈という妙な言葉については、翌日の新聞の囲み記事で「爆発して一分以内に沈むこと」とあったが、三万トンの巨艦が六〇秒で海に姿を没するのは火薬庫の爆発しかない。船が沈むのが「沈没」、爆発して沈むのが「爆沈」、沈めるのは「撃沈」であり、轟のつくのには轟々、轟音、爆轟などの用語があるが、轟沈が瞬時沈没とは知る者は少なかった。これもおそらく日本軍造語であろう。

もっとも明治四二(一九〇九)年の、田山花袋の小説『田舎教師』に、日露戦争の描写で、主人公の読む新聞に轟沈の記事があるから、新聞記者の造語であったのかもしれない。

この轟沈が一度に国民に親しまれるようになったのは、昭和一九(一九四四)年二月に封切られた映画『轟沈』である。これは前年秋に行なわれたインド洋の潜水艦隊の通商破壊戦に従った従軍カメラのドキュメンタリーで、イ号第一〇潜水艦に乗り込んだカメラの潜望鏡を通しての敵輸送船撃沈のシーンは国民を感激させた。その映画主題歌も『轟沈』である。

〽轟沈、轟沈凱歌(がいか)が上がりゃ　中略　嬉し涙に潜望鏡も　中略　曇る夕日のインド洋(米山忠雄・作詞/江口夜詩・作曲)

まことに勝つ側からすれば痛快な言葉で流行語となり、「昨晩はあれからどうした?」「イヤ飲みすぎてねェ、とうとう轟沈しちまったヨ」といった会話がはやった。

ところが戦局が逆転すると、今度は日本の艦船が次々と轟沈させられる羽目となる。アメリカ潜水艦の潜望鏡カメラで撮った戦果確認写真には、一分はおろか一〇秒で沈むシーンがあり、言葉だけではないと戦後知ることになった。

昭和二〇（一九四五）年四月七日、沖縄に向けて最後の水上特攻に出撃し、延べ一〇〇〇機の攻撃を受けて爆沈した世界最大の戦艦「大和」の様子を記した吉田満の傑作『戦艦大和の最期』の巻末は、次の文でしめくくられている。

「徳之島ノ西方二〇哩（マイル）ノ洋上〝大和〟轟沈シテ巨体四裂ス　水深四百三十米（メートル）　今ナオ埋没スル三千ノ骸（むくろ）彼ヲ終焉（しゅうえん）ノ胸中果タシテ如何（いかん）」。（海）

散兵【さんぺい】　『歩兵の本領』という軍歌に、〽大和男子（やまとおのこ）と生まれなば　散兵線の花と散れ……と歌われている散兵を、兵語辞典には次のように説明してある。

「各兵卒の間隔を一歩乃至（ないし）二歩以上に取り、各人が地形を利用して行進し停止し射撃する歩兵の主要なる戦闘手段にして、かかる戦闘法を散兵という」

日本陸軍が手本にしたヨーロッパの戦場は広い野戦だったから、歩兵隊が横一列に並んで平押しに押す攻撃が常道であり、この散兵戦の長いほうが両翼から敵を包囲して最後の勝利を得る。

日本の国土は複雑な山谷でなっており、この戦法は実際的でないはずなのに、陸軍は終戦まで守るに難かしい本土決戦は考えず、想定戦場はつねに中国大陸で、この散兵攻撃が基本となった。

散兵は小銃射撃をする歩兵に機関銃・擲弾筒（てきだんとう）、ときに歩兵砲を配属して形作るが、やがてドイツ陸軍の操典を参考にして改正した明治二四（一八九一）年の『歩兵操典』では、一人当たりの間隔は一～二歩、中隊正面の幅は一〇〇メートルであった。

これが日露戦争のあとは間隔は二歩、中隊正面は一五〇メートルとなり、第一次世界大戦で機関銃が猛威をふるうようになると、間隔は昭和三年操典で四歩、昭和一五年操典で六歩と広がっていく。

日本陸軍の散兵の平押しは相手にとっては恐怖感を与え、日中戦争で捕虜になった中国の将校は〝中国軍で散兵戦法をすれば両端の兵から逃げ出してこうはいかない。日本兵は強い〟と述懐している。

太平洋戦争に入ると、重装備の連合軍の火力は強力で、横一列に並んで前進するなど夢物語りとなる。

兵の間隔は五メートルから一〇メートル、それも地面を這（は）いながら前進する。こうなると小隊長・分隊長の号令も届かないので、各兵の戦闘力が重く見られるようになってくる。

本土決戦にそなえ、海岸に一〇メートル間隔で蛸壺（たこつぼ）（個人壕）に入り、ジッと息をひそめて敵を待つ兵にはもう、散兵戦の花と散れ、の美意識は消え去っていた。（陸）

（→歩兵2・典範令4）

死守【ししゅ】　守備地を死を賭け死ぬ覚悟で守り抜くこと。「この陣地（島）を死守せよ」という命令は戦力尽きても後退も許さず、まして捕虜になるなど問題外の日本軍では絶対的命令であった。

死ぬ覚悟で戦ったあげく、敵が去っていけば九死に一生を得て大手柄となるのだが、衆寡敵せず援軍来たらず全滅すれば玉砕となる。テキサスの「アラモの砦」で、メキシコの大軍に対し最後の一兵まで戦い抜いたテキサス部隊も死守し玉砕して後世に語り継がれているが、おおかたの軍隊は戦力が尽きると降伏しても恥ではないことになっている。スターリングラードでは、守備のソ連軍が死守を果たし、包囲したドイツの大軍が全軍降伏した。

児島襄氏の『硫黄島戦記』に、捕われた日本兵に米軍の指揮官が「日本兵は最後の一兵まで戦うと聞いていたが、おまえはどうして死ななかったのか？」とたずねると、その兵は「私がその最後の一兵であります」と答えたという笑い話が載っている。

死守とは死ぬまで戦って守り抜くことで、全員死んでしまったら城は取られ戦いは負けである。（陸）　（↓玉砕3）

支那事変【しなじへん】　シナの語源は紀元前三世紀の秦王朝の秦（チン）の音にあるといわれる。

これがインドに伝わって仏典に載り、外来語として中国に逆輸入されて脂那、支那の字が当てられ、またヨーロッパに渡って英語のチャイナ（CHINA）や、フランス語のシーヌ（CHINE）のもととなった。

日本にも漢字のまま伝わって、江戸時代の中頃から使われる。中国の王朝には、漢・唐・隋・元・明・宋・清などの変遷があるが日本人の耳にはなじまず、このほうが使いやすかったのであろう。大正元（一九一二）年に清朝が倒れ、**中華民国**が成立したあとも、政府が軍閥に私物化されたり、国内の内戦がつづいたために公式の場合を除いては支那のほうが通用していた。

昭和一二（一九三七）年七月、北京郊外で日中正規軍の衝突が起こり、しだいに戦火が広がっていくと、政府はこれを局地戦と見て「**北支事変**」と呼び、派遣された軍は北支派遣軍となった。

当時の中国人の反日感情は激しく全国民的なもので、すぐ上海に飛び火して徐州から漢口へと戦線は拡大する。ここの派遣軍は中支派遣軍で、つづけて南部の広州湾に南支派遣軍が上陸して日中の全面戦争となった。改めて宣戦布告もないままの戦闘であったため戦争とは呼ばず、この段階で北支事変は「**日華事変**」にエスカレートする。

南京陥落後、国民政府の親日派の**汪兆銘**が重慶を脱出して南京に逃がれ、新たに中華民国新政府をつくったので、日華事変では差しさわりが出て支那事変となった。兵力も一〇〇万近い大軍となったので北支・中支・南支の派遣軍を合わせて支那派遣軍というマンモス軍団となった。

昭和一六（一九四一）年一二月、**太平洋戦争**がはじまると、政府はアジア民族解放戦の意味を含めて「**大東亜戦争**」と命名し、いままでの支那事変もこれに吸収して一作戦地とする。これは、その後の大本営発表のなかでも「支那方面の戦況は……」といった形となって現われてくる。

このように支那は単なる国の異名で、シナガチョウ・シナサツキ・シナハマダラカなど鳥・植物・昆虫の名に残り、東シナ海・南シナ海などもある。

外国人も中国人を呼ぶのにチャイニーズ、シノワーズと呼んでいるが、日本語のシナ人の語感に、かつて民族の気持ちを逆なでにする強い侮蔑感があり、かれらがその悪夢を思い出すためであろう。

一世紀前、大清帝国を相手に小国日本がおそるおそる始めた日清戦争が案に相違して連戦連勝となり、図に乗った日本兵は清兵を、弱い「チャンチャン」「チャンコロ」といって侮蔑した。

これが民族あげての人種差別となり、日中戦争でも近代化に遅れた中国軍をサッサと逃げだす弱い支那兵、政治の混乱と戦禍で疲弊しきった中国民衆を貧しくて汚い支那人と軽蔑した。急速に大国化したことからの思い上がりで、かつて日本文化と知識・宗教のほとんどが中国からきた事実を忘れた心情であった。

終戦後、占領軍は大東亜戦争の名称を避け、支那事変も遠慮して使わなくなり、ほぼ半世紀のあいだに太平洋戦争と日中戦争に変わってほぼ定着しており、シナそばも中華そばと表現している。
たまに気兼ねのいらない戦友会などで、「大東亜戦争の時は……」「支那事変で……」と耳にすることがあるが、酔いが回っているせいかひときわ大きく聞こえる。（共・民）

（↓大東亜戦争1）

事変【じへん】 日本は慶応四（一八六八）年の鳥羽伏見の戦いから昭和二〇（一九四五）年の太平洋戦争の終結までの七七年間、まさに息つくひまもないほど戦い続けてきた。

明治新体制が固まるまでは、内乱・内戦の連続であり、地固めが終わったあとは外国との戦闘が休むことなく続き、その間に国境の小紛争やいくつかのクーデターが起こっている。

実はこの七七年間に公的に戦争として位置づけられたのは、明治二七（一八九四）年の大清帝国相手の**日清戦争**と、一〇年後の明治三七（一九〇四）年のロシア帝国との**日露戦争**、大正三（一九一四）年から足かけ六年つづいたドイツ帝国相手の第一次世界大戦、俗にいう**日独戦争**、昭和一六（一九四一）年から始まり連合国軍五十数か国を相手どって主に太平洋戦域で死闘を繰り広げた第二次世界大戦の四回しかない。

日本がかかわった第二次世界大戦は、開戦直後の帝国議会で「以後、**大東亜戦争**ト呼称ス」と理念をこめて名づけられ押し通してきたが、このあまりにも主観的な名前は世界には通用しなかった。そして悲惨な敗戦とともに消え去って、第二次世界大戦のヨーロッパ戦線の部に対して太平洋戦線の部を意味する「太平洋戦争」と呼ばれるようになって以後、定着している。

わが国が考えられていた正規の戦争には次のような要件が必要であった。まず、開戦の決意の下に戦争準備と動員が行なわれ、議会の決議、内閣の承認、天皇の勅許をへて開戦する。国民に対しては天皇から宣戦布告の勅語が出されるが、なによりも大事なのは日本政府から敵国政府への正式な開戦通告である。

太平洋戦争の開戦のとき、日本政府からアメリカ政府へのこの通告電報が、大使館の怠慢と外交暗号の解読・組み直しに手間どって、機動部隊のパールハーバー軍港空襲の後手にまわり〝卑怯なだまし討ち〟の汚名をいつまでも残すことになってしまった。

戦争が終わると、停戦につづいて休戦条約が交わされて軍隊は戦場から復員し、講和条約が結ばれて戦争の幕を閉じることになる。日本の場合は天皇から国民への勅語が出されてピリオドを打つ。

昭和二〇（一九四五）年八月一五日の正午、昭和天皇がラジオから全国民に読み上げた「**終戦の詔勅**（しょうちょく）」は大日本帝国の最初で最後の敗戦宣言であり、昭和天皇の最初で最後のラジオ放送であった。

こういった手順をふまずに突発的な戦闘行為に入り、宣戦布告のないままにつづく紛争は戦争ではなく、事変あるいは事件と呼ばれる。事変と事件の境い目（さかいめ）ははっきりしないが、比較的戦場が広範囲で期間が長いのが事変、戦場が国境の一地域や都市に限定されるのが事件であろうか。事変では、北清事変、済南事変、支那事変などがあり、事件では秩父事件（内乱）、**ノモンハン事件**などがある。

昭和六（一九三一）年、満州（現中国東北部）に駐屯していた関東軍が起こした**満州事変**は、やがて上海に飛び火して第一次・第二次**上海事変**となり、さらに北京に引火して**北支事変**となり、火は中国全土に燃え拡がって全面戦闘となった。

中国の国民を塗炭の苦しみに陥し入れたこの大戦乱は満州事変から昭和二〇（一九四五）年まで一五年間つづいたことから「一五年戦争」とも呼ばれているが、ついにこの間に正規の宣戦布告はなされないまま事変の続きと見なされていた。

政府ははじめは、事変を北京周辺に限定したかったため北支事変と呼んでいたが、やがて日本と中華民国との紛争で**日華事変**、やがて南京に親日的な汪兆銘の中華民国新政府ができたため**日支事変**、そのあと**支那事変**と転々と名称を変えている。

太平洋戦争が始まってからは主戦場は太平洋から東南アジアに移り、支那事変は大東亜戦争に吸収されてその一部となった。したがって、理屈からいえば支那事変は一五年戦争ではなく、昭和一二（一九三七）年七月七日の北京郊外・蘆溝橋の射撃戦にはじまり、昭和一六（一九四一）年一二月八日の大東亜戦争開戦の前日までとなる。戦争・事変・事件の区分けはそれぞれ規模に比例させているが、近代戦は犠牲者の数を増大させて名前と数字がアンバランスとなってくる。

国運を賭けた最初の対外戦争だった日清戦争の戦死者はわずか一万三六一九人だったが、

宣戦布告のない支那事変では一九万一〇七四人。何の戦略的価値もない草原国境の取り合いだったノモンハン事件ではわずか一か月半の戦いで七九九六人もの戦死者を出している。

戦後の朝鮮半島で国連軍と北朝鮮（朝鮮民主主義人民共和国）軍・中国義勇連合軍が戦った朝鮮戦争や、インドシナ半島で一〇年にわたって戦われたアメリカ軍と北ベトナムとのベトナム戦争、ソビエト軍とアフガン民族軍とのアフガニスタン戦争はいずれも宣戦布告のないままに戦いがはじまり、講和条約もなしに戦いが終わっている。

一九五〇年代の日本の新聞では、まだ朝鮮事変といった用語がきまじめに使われて原則を尊重していたが、最近では航空機や戦車が出動すれば戦争で、このへんをあまり厳密に考えない。（共）

終戦【しゅうせん】

戦争の終わりを意味するが、日本の場合はきわめて曖昧に使われてきた。戦争を一時期止めれば「停戦」、しばらく休めば「休戦」、平和の話し合いを始めれば「講和」、全面的に負ければ「敗戦」で、「降伏」という言葉が使われるはずなのに、ほぼ無条件降伏であった日本では一貫して終戦と言いつづけ、戦後の代わりに終戦後という字句で、一時代を画する統計や記録などにまだ引用されている。

全面的に敗戦して降伏し、武装解除された軍隊は解散させられたのに、「終戦により無事祖国に復員した」といった勝ったのか負けたのかわからない表現が使われ定着している。どう見ても負け惜しみから言葉をすり換えたとしか思えない。

ついでにいえば、日本にやって来た連合国の占領軍は進駐軍と呼び換え、ゲストのような感じとなる。さすがにこれは最近では駐留軍と代わって占領色はなくなっている。

おかしなことに、昭和二〇（一九四五）年八月一五日の昼、天皇がマイクの前に立って全国民に告げた詔勅は、今では「終戦の御詔勅」となっているが、当日の新聞にはどこにも「終戦」の字句は載っていない。それこそ終戦後の造語であろう。そういえばこの詔勅にも「（ポツダム宣言を）受諾セシメタリ……万世ノ為ニ太平ヲ開カント欲ス」などの文章はあるが、敗戦とか降伏とかの語は一語も使っていない。焼野が原に呆然として立つ国民には敗戦の実感がいっぱいなのに、国民的意地だけが空回りしているようであった。

はっきりした敗戦宣言のなかったベトナム戦争でも、まだ勝ったと思っているアメリカ人は大勢いる。（共・民）

誰何【すいか】

「誰」は一字だけで人の姓名を問う疑問代名詞となるが、「何」がつくと強いトーンとなる。

訓では「だれなに」だが、呼びかけると「誰か！」と油断のない詰問調になる。誰の正しい発音はだれではなく、たれであり、軍隊で使われたのもたれかであった。

守備地の外周や弾薬庫などを守る歩哨（ほしょう）や夜間の巡回警備兵などが、不審な人影に問いかけるのが誰何で、見回りの警察官の不審尋問もこの一種であろう。

戦地では、歩哨は不審な人影を見つけた場合、三度誰何して何の返事もない場合には独断で射殺してもよいことになっていた。あるいは敵襲の前触れであるかもしれないから独断専行が許される。

暗闇の第一線で一人で立っているのは怖いから、気の小さい歩哨が相手の応答を待たずに矢つぎばやに三度誰何して味方を射ち殺してしまった例もあった。

中国大陸では敵の中国軍の用語も同じ「誰何」で、発音は〝スイヤー〟。暗黒の闇の中で日本兵の〝たれか！〟と中国兵の〝スイヤー！〟の怒号が激しく飛び交った。（共）

征伐【せいばつ】　陸上自衛隊のある駐屯地で、展示してあった資料の説明をめぐって物議がかもされたことがある。明治七（一八七四）年の**台湾出兵**事件の説明が「台湾征伐」となっていたため、まず地元の在日中国人が抗議し、やがて県議会にももち込まれ大騒ぎとなった。

台湾出兵は、沖縄の漁民が台湾に流れついて全員が惨殺されるという事件が起き、再三の抗議にもかかわらず清国政府の態度が煮えきらなかったため、陸軍が三〇〇〇名の兵を出して現地地方軍を攻撃し壊滅させた。明治陸軍最初の海外出兵であり、現在では「台湾出兵」と呼ばれているが、当時は俗に台湾征伐といっていた。これが在日中国人の感情を逆なでにしたわけである。

征伐とは〝服従しない者を攻めて討つこと〟という意味で、多分にこちらの意志を武力で押しつける物騒な言葉だが、侵略戦争などという概念のなかった時代には戦争の代名詞のようなものであった。

日本軍人のバイブルともいえる『軍人勅諭』の冒頭に〝昔神武天皇自ら大伴・物部のつわもの共をひきい、なかつくに（近畿地方）のまつろわぬ者共を討ち平げ給い〟とあるが、まつろうは服従の意味だからやはり征伐思想であろう。

正義の味方が、人々を苦しめる悪者を退治する桃太郎の鬼が島征伐や、源頼光の酒呑童子征伐は征伐＝退治の単純なものだが、やがてこれが豊臣秀吉の島津征伐から朝鮮征伐になり、維新戦争の官軍の会津征伐から、この台湾征伐までつながっていく。

さすがに戦争目的が複雑化した現代では子供だましのような征伐の言葉は使われないが、ベトナム戦争後、中国がベトナムに出兵した中越戦争でも、多国籍軍がフセイン大統領のイラクを攻撃した湾岸戦争でも〝こらしめのための出兵〟などの表現があったから、鬼退治の単純な考え方はどこかに生きているのだろうか。

抗議の集中砲火を浴びた自衛隊では、学者先生の〝歴史を説明するのに当時の用語を使うことはけっして不適切ではない〟などの援護射撃で専守防衛に努めたが、結局は衆寡敵せず台湾征伐の説明文を書き改めた。（陸）

（→軍人勅諭4・合戦3）

戦場掃除【せんじょうそうじ】　家庭や事務所では毎日の掃除があり、ときとして大掃除もあるが、混乱の極にある血なまぐさい戦場にも掃除がある。

日本陸軍の六法全書のような『陸軍成規類聚』のなかにも「戦場掃除ノ目的ハ戦闘終了後、戦線ノ近傍ヲ捜索シ死傷人馬オヨビ遺棄物件ノ収集ヲ行ナイ、特ニ夜間ニオケル無頼者ノ掠奪ヲ防止スルニアリ」とあるように正式の軍用語である。大正八（一九一九）年版の兵語辞典ではせんじょうそうじょとルビが振ってあり読み方が今と異なるが、戦場整理とか戦場修理ではなく、家庭的な言葉になっているのがおもしろい。

掃除といっても箒やちりとりを持って掃くわけではない。味方の負傷者の収容と手当てを第一に、戦死者の収容、兵器の回収、不発弾や地雷の処理などさまざまで、時間にゆとりがあればやがて腐臭を放つ敵の戦死体を埋めたり戦死者を荼毘に付したりする。兵は戦闘のあとで疲れ切っており、敵の狙撃兵にも狙われるから楽な仕事ではない。

まだまだ気分にゆとりのあった日露戦争や第一次世界大戦などでは、長い持久戦となると一、二日、白旗を掲げて休戦とし両軍から戦場掃除隊を出して戦死傷者を収容した。その合間には自国の歌を交歓したり、手榴弾の代わりに飲み物や食物を相手に投げてご苦労さんと慰め合うといったのどかな幕合もあった。

やがて近代戦ともなると殺し合いは徹底的となり、負けた側は全滅するか敗走するから戦場掃除は結局勝った側が当番となる。日中戦争や太平洋戦争の初期では日本軍が優勢だったからそれは日本軍の役割で、捕虜などを使役して行ない戦死者もていねいに火葬ができた。

戦勢が逆転すると今度は掃除当番は勝者の連合軍側に回っていくが、物資の豊かなことから万事おおらかで、敵味方の遺棄兵器を集めてガソリンに火をかけて処分したり、ショベルカーやブルドーザーを使って簡単に戦死者を埋めたりした。

日本の戦国時代でもそうであったろうが、貧しい土地で戦闘をすると付近の住民が全員「戦場荒らし」になり、一夜のうちに戦死者は身ぐるみ剥がれ兵器や装具も一つも残らず持ち去られて戦場掃除は必要なかった。

このいやな仕事をするために戦場掃除隊が編成されるが、昭和一四（一九三九）年のノモンハン事件のときなどは、炎天下に休戦するまで一か月も放置されていた戦死体が腐敗して、全員ガスマスクをかぶって作業したとある。

戦場掃除隊には役得もあり、時には戦死体から金や貴金属などを手に入れることもあるが、多くは帰国みやげに戦場記念品を持ち帰ることがあった。日中戦争では帰還兵は中国兵の軍帽や階級章、青竜刀などをみやげに持ち帰り、太平洋戦争ではアメリカ兵が日本刀や寄せ書きの入った日章旗、千人針や貯金通帳などを持ち帰った。はじめて目にした東洋の品がよほど好奇心を刺激したのであろう。

先年、アメリカ某所のアンティークショーをのぞい

日露戦争時の「戦場掃除」の様子

たとき、小銭や日の丸と並んで戦死した兵士の乾いた頭蓋骨が戦争記念品として売られているのを見て呆然とした。一つは、アルデンヌの森の戦闘で倒れたドイツ兵のものであり、もう一つはガダルカナル島から持ち帰った日本兵のもので、ごていねいにも本物であることを裏づける中隊長の証明書と兵士の認識票まで添えてあった。

この国に頭蓋骨収集家（スカルコレクター）のあることは知っていたが、目の前にあるとまさに首狩り族の仕業であり、とうてい遺族に見せられたものではない。もう一つ、南北戦争時代のアメリカ兵のそれがあったのが唯一の救いであった。（陸）（↓千人針下8・認識票下6）

戦闘旗【せんとうき】　日清戦争の黄海海戦のとき、二二〇〇トンの海防艦「比叡（ひえい）」は乱戦に巻き込まれ、マストに掲げた旭日旗が敵弾で焼け落ちてしまった。

〝旗印がなくていくさができるか〟と、艦長の桜井少佐が歯噛（はが）みをしていると、無名の水兵がスルスルとマストによじ登り、新しい旭日旗を掲げたと戦争美談にある。

海軍の艦艇は、一般の商船や貨物船と区別するために、前檣（ぜんしょう）（前部マスト）や艦尾のポールにその国の海軍旗を掲げた。日本海軍の場合はそれが陸軍の**軍旗**（連隊旗）と同じデザインの軍艦旗で、一六条光線の旭日旗のまま現在の海上自衛隊も自衛艦旗として使っている。

これが戦争に突入し海戦となると、後部マストの頂上にひるがえって戦闘旗となる。戦闘の旗は陸海軍共通に思えるが、**戦闘旗は海軍用語**であり、かわりに海軍には軍旗という言葉がない。

陸軍の軍旗とちがって天皇からのご下賜品ではないから、風雨でいたんで古くなると簡単に取り替えてよい艦内備品なのだが、戦闘旗ともなると別格で、勝利を収めた海戦で使った旗は次の決戦でふたたびマストにひるがえる。縁起かつぎともいえよう。

一八〇五年、イギリス帝国の運命を賭けた英艦隊旗艦の「ビクトリア号」は、いまも大勝利の記念艦として大切に保存されているが、艦内の展示室にはネルソン提督の遺品とともに当時の戦闘旗が飾られている。万事、イギリス海軍を手本に育ってきた日本海軍の戦闘旗の風習もこのへんに由来するのかもしれない。（海）

（→軍旗下6）

戦闘詳報【せんとうしょうほう】

一方面の戦闘が終わったとき、彼我の兵力・状況・戦闘の経過・戦果・損害、戦闘で得た戦訓や意見を総括して上級機関に提出する報告書。平たくいえば会社の決算報告書のようなものだが、順序をへて最後には大本営にまで達する。

陸軍では**陣中要務令**で定められ、大隊

後部マストの中将旗(上)と戦闘旗

長や中隊長が書き、海軍では**海戦要務令**で艦艇や部隊の長が書くことに定められている。いずれも、作戦記録や今後の資料、功績判定の参考などを目的とし、戦後の**論功行賞**（叙位叙勲）もこの戦闘詳報にもとづいて行なわれる。

もう一つ、その前の段階の**戦闘要報**（海軍は戦闘概報）もあり、これは一日ごとの戦闘の内容と結果を記したもので日報にあたる。

陸海軍の学校では作戦の起案や詳報・要報を書く文章力を重くみて、国文・漢文の学習に力を入れたので、ただの報告書にも修辞に満ちた美文が多い。戦闘後に功績を全軍に布告する**感状**も参謀が起草するが、このなかにも、ただの表彰状を超越した格調高い文章が見られる。

最も美文家として知られていたのは、日本海海戦のとき、東郷司令長官に仕えて**連合艦隊**の参謀を務めた秋山真之（さねゆき）（のち中将）で、出撃の際の電文、

「敵艦見ユトノ警報ニ接シ　連合艦隊ハ直チニ出動　コレヲ撃滅セントス　本日　天気晴朗ナレドモ波高シ」

は簡にして要を得た美文として手本となっている。

秋山の生地、四国の松山は俳人の正岡子規をはじめ作家や俳優を輩出した文人の里として知られ、日露戦争のときも『肉弾』の桜井忠温（ただよし）や『此（この）一戦』の水野広徳（ひろのり）を生んでいるから、土地柄の影響も大きい。

秋山の起草した「黄海海戦公報」や「日本海海戦戦闘詳報」「日本海海戦経過報告」はい

ずれも東郷司令長官から明治天皇に直接提出されている。戦闘詳報は、

「天佑（てんゆう）ト神助ニヨリ我ガ連合艦隊ハ、五月二十七、八日敵ノ第二、第三連合艦隊ト日本海ニ戦イテ、遂ニホトンド之ヲ撃滅スルコトヲ得タリ」

にはじまり、数千語を費やして戦闘経過を綿密詳細に述べ、

「特ニ我ガ軍ノ損失死傷ノ僅少ナリシハ、歴代神霊ノ加護ニヨルモノト信仰スルノ他ナク、サキニ敵ニ対シ勇戦敢進シタル麾下（きか）将卒モ　皆コノ成果ヲ見ルニ及ンデ、唯（ただ）感激ノ極、言ウ所ヲ知ラザルモノノ如シ」

で結んでいる。

昭和一九（一九四四）年九月、ビルマ（現ミャンマー）と中国雲南省を結ぶ要衝拉孟（らもう）を守る金光意次郎少佐を部隊長とする一四〇〇名の拉孟守備隊は、米軍装備の二十数倍の中国軍精鋭に包囲され一二〇日間を戦った。いよいよ玉砕寸前になると、部隊長は木下正巳中尉を呼び部隊の戦闘詳報を託した。このままでは部隊の戦闘は不明のまま終わる。全員に代わって一二〇日の戦闘状況を報告し、将兵の功績資料を提出し、できたら遺族にも会ってその実状を伝えよ、というものであった。

木下中尉は、戦闘詳報を腹に巻き、住民に変装して敵中を突破、苦心惨憺の末に味方の戦線にたどりつき任務を全うする。詳報の内容は玉砕寸前のものとも思えぬ冷静な記述でつづられ、読む者の心を打ったが、その原本は今、防衛庁戦史部の図書館（現在は航空自衛隊幹部学校に移管）に静かに眠っている。

これら戦闘詳報や戦闘要報のほかにも、毎日の出来事を記録する日誌として「**機密作戦日誌**」と「**陣中日誌**」がある。

機密作戦日誌は、大本営・陸海軍省・各師団・艦隊などで毎日書きつづけられた日誌で、そのほとんどは終戦時に焼却されたが、大本営参謀で戦争指導班長を六年間務めた種村佐孝大佐が執筆した『**大本営機密作戦日誌**』が奇跡的に残っている。

「陣中日誌」は中隊以上の部隊長が、部隊の動員から復員までの出来事をつづった日誌で、最前線で書かれたものだけに貴重な戦訓の資料になる。

昭和一三（一九三八）年に封切られた日活の戦争映画『五人の斥候兵』（田坂具隆監督）のなかにも、夜、ロウソクの灯の下で小杉勇演ずる中隊長が陣中日誌を書きながら、戦死した部下を憶い出して嗚咽するシーンがある。（共）（↓感状3）

蛸壺【たこつぼ】　敵の攻撃に対して防御側は掩体や散兵壕を掘って身を隠すが、一番小さな一人用の壕を兵隊たちはたこつぼと呼んだ。海に沈め巣とまちがえてノコノコ潜り込んでくる蛸を獲る素焼きの漁具に似ているところからこの名があるが、飛んでくる弾丸に首を縮めて小さくなっている自分を壺のなかの蛸になぞらえた自嘲の響きもある。

直径一、二メートル、深さ一メートルほどの穴を掘り、兵士一人が立って掘土を盛った上に小銃を乗せて射撃するので、正式には「**立射用散兵壕**」という。

のんびりした戦線では、この壕も上官の目の届かない自由なワンルームで、射撃の合間には煙草を吸ったり手紙を読んだりできた。やがて孤島の防衛戦などで圧倒的な艦砲射撃や爆撃の嵐を浴びるようになると応戦など滅相もないことで、この蛸壺の中で頭を抱えているしかなかった。

本土決戦が間近になると操典が改正されて蛸壺も実戦に合わせて古兵と新兵がコンビを組んで入る二人用の壕となる。小隊・分隊で散兵壕のように集中すると砲撃でやられ、一人だと戦力とならないのでこう様変わりした。個人壕はどこの軍隊にもあるが、米軍の兵隊言葉では「狐穴（FOX HOLE）」という。海洋国と大陸国の違いだろう。

昭和一八（一九四三）年五月、日本軍の占領していたアリューシャン列島のアッツ島に米軍が上陸して三週間の激戦の末、部隊長の山崎保代大佐以下二五七六名が全滅した。大戦中最初の玉砕である。

掃討戦に入ったとき、谷間の穴の中から一人の日本兵がヨロヨロと這(は)い出てくると、アメリカ兵たちは、〝狐だ〟と銃を構えた。蛸壺から狐が飛び出してきたことになる。（陸）

（→要塞３・鹿砦３）

血祭り【ちまつり】　戦時記事には〝来襲した敵機を迎え撃ち全機を血祭りに上げた〟〝逃げる敵機を捕捉して血祭りに上げた〟など、いやというほど常套句(じょうとうく)として使われたが、もとはといえば文字どおり祭事の言葉である。

狩人が猪や鹿を射留めて祝う血祭りもあるが、古くは中国の出陣式で〝いけにえ〟を殺し、その血を軍神に捧げて戦勝を祈願したのが本来である。いけにえは動物のときもあり、敵のスパイや捕虜であるときもある。戦いの経験のない者を血に馴れさせるためでもあり、流れる血を見て興奮させる狙いもあるのだろう。

これから転じて開戦しての第一戦に敵を破ったときの祝いが血祭りとなり、さらに緒戦の戦果を血祭りに上げたと表現するようになる。したがって戦争中、何度も血祭りを上げた記者はよほどの祭好きか、語彙の貧弱な記者だったのであろう。（共）

徴発【ちょうはつ】　「徴」のつく言葉にはロクなものがない。監獄につながれる懲役も兵隊にとられる**徴兵**も〝懲役・徴兵一字違い〟と民衆から恐れられた。

いずれも自由を拘束され、学校や職場から切り離されてロスタイムを過ごす。懲役では命まで取ろうとはいわないが、徴兵のほうは運が悪ければそれもなくしてしまう。

家業をなげ捨てて**軍需工場**などの臨時工員に引っぱられる**徴用**も同じようなもので、徴の字には有無をいわせぬ強制的な響きがある。

徴発は軍隊が戦地で必要な物資や労力を集めることで、こちらは奪う側である。

もちろん陸軍には**徴発令**という規則集があり、軍隊が演習地や戦地で物を買い労働者を集めるときには専門の経理官が担当して、通貨や軍票、ときには預り証と交換に妥当な値段で調達しなければならないことになっている。

軍票や預り証は戦争が終わったあとに正貨や物資で精算するたてまえであり、一種の合法的な商取り引きであった。

ところが実際にこれが実行されるのは、秩序の回復した占領地や軍資金が豊富で戦況が有利な場合だけであって、第一線では空文(くうぶん)となった。

前進につぐ前進で後方からの補給物資が追いつけず、まともな経理将校も少ない前線の兵隊たちは腹ペコで戦うはずがない。

いやがる住民を銃剣で脅かして軍票をつかませ物をひったくってくるのはまだよいほうで、ほとんどは民家に飛び込んで手当たりしだいに徴発した。つまり掠奪である。

これは何も日本軍だけのことでなく、せっぱつまれば敵も味方も徴発競争をする。

兵隊たちは暇を見つけては占領地を徘徊して、米・鶏・豚などの食糧や衣服、ときには姑娘(クーニャン)(娘)まで徴発した。

対価を払う徴発が国際法で認められた合法的な軍事行為であることなど信ずる者はあまりいない。(共)

(↓軍票1)

敵手【てきしゅ】 敵の手、敵の手の中のほか敵そのものを指すこともあり、彼女や仕事をめぐって張り合うよきライバルは好敵手となる。

これに受身の動詞がついて〝陣地を敵手に委(ゆだ)ねる〟とか、〝部隊の運命は敵手に陥った〟

となると味方の陣が奪取された、味方の部隊が壊滅寸前になったということで、敗戦の表現となる。

昭和一七（一九四二）年六月はじめ、日本軍は突如アリューシャン列島のアッツ・キスカ両島に無血上陸して占領した。開戦初期に次つぎと占領したフィリピン諸島やグアム島、ウエーキ島などはアメリカ領とはいえ植民地や信託委任統治領だったが、アリューシャンはアラスカ準州に属するとはいえ純然たるアメリカ本国の一部であった。

建国以来初めて本国領土を敵手に委ねたアメリカは、翌一八（一九四三）年五月、軍の名誉にかけて多くの血を流して二島を奪還する。

やがて戦局が逆転して昭和二〇（一九四五）年になると、火山列島の硫黄島や沖縄に米軍が上陸し、激闘の果てに日本領土を敵手に委ねた。沖縄は全諸島が県であり、硫黄島ははるか南の孤島だが純然たる東京都の一部で京橋区（現中央区）の管轄である。

天皇の住む帝都・東京の一部を敵手にまかせることは屈辱の最たるもので、必死の奪回作戦も企てられたが結局、多くの犠牲を出しながら硫黄島も沖縄県も取り返せずに戦争は終わった。

戦後、長い時間の経過のあと小笠原諸島・火山列島・沖縄は日本領に戻った。すべて外交交渉で進み、一滴の兵士の血も流されなかったことは日米両国にとっては幸福なことであった。

流血なしに沖縄を返還させた当時の総理大臣佐藤栄作は、これによってノーベル平和賞を

受賞した。（共）

転進【てんしん】　昭和一七（一九四二）年七月に上陸して以来、半年にわたって日米両軍が激闘をつづけていたソロモン諸島のガダルカナル島で、日本軍は大敗北を喫して太平洋戦争ではじめての退却をした。

そのときの**大本営発表**は「我は終始敵に強圧を加えこれを慴伏（しゅうふく）せしめたる結果、両方面（ガダルカナル島とニューギニアのブナ戦線）とも掩護部隊の転進は極めて整斉確実に行われたり」とあって、撤退や退却の文字は使われていない。

勝てば有頂天となり、負ければ悄然（しょうぜん）とする日本民族の国民性を見抜いたうえで士気を高めるための新造語で、陸軍省の佐藤軍務局長と有末第二部長の造語といわれている。

負け惜しみの表現であり、実態は二万四六〇〇の戦死者、ほとんどは餓死者という文句なしの大敗戦で、この発表を聞いた国民は直感的に真相をかぎとって暗憺（あんたん）たるムードに包まれた。

前進と退却はいわば駆け引きであって戦術の常識だから、実戦では退却は後退などと名を変えていくらでも行なわれている。

陸軍の戦闘マニュアルをひもといても、各兵科共通の『作戦要務令』では第二部第四篇に追撃及退却の項目があり、〝退却戦闘指導ノ主眼ハ速（すみや）カニ敵ト離隔スルニアリ〟と戦術の一法として肯定している。

歩兵が使う『**歩兵操典**』でも第二篇第三節の夜間戦闘の項に追撃・退却があり、退却を肯定している。

日本は島国で安易に退却を認めると、ジリジリと島に押し込められて、結局逃げ場のない**本土決戦**になるわけだから、前進第一の戦略思想もやむをえないかもしれない。

落第を留年などと言い換えて実態は変わらぬままイメージを変えようとする「みえっぱり」の国柄だから、この負け惜しみの造語を非難するのも酷かもしれない。（共）

（↓大本営1・玉砕3）

伝単【でんたん】　もともと漢語から出ているが、ほとんど死語となって簡単な漢和辞典には載っていない。

戦争で敵に対して反戦・厭戦思想を訴えたり降伏を呼びかけたりする宣伝ビラ・チラシである。

第一次世界大戦ごろから前線の武力戦とは別に、敵兵や敵国民にラジオや文書を利用しての宣伝戦が重くみられるようになった。伝単はその一手段で、前線で危険をおかして**宣撫班**がバラまいたり、飛行機から投下、ときには砲弾に詰めて発射する。

敵味方ともに大いに利用するが、勝っている側の伝単の効果のほうが負けている側よりも大きかった。日中戦争のときにも中国側の伝単の内容が日本の戦争の不条理を説き格調も高く論理性もあったが、日本兵たちは笑って読み捨てて効き目はほとんどなかった。

一方、日本軍の伝単は内容も単純で論理性も低かったが、〝これを持ってくれば生命を保証し食事も与える〟といった単純な降伏勧告ビラで、中国兵がぞくぞくと投降してきた。

太平洋戦線でも、両軍ともにこの面に大いに力を注いで、それぞれ効果を収めた。日本側は横山隆一・那須良輔・松下井知夫ら当時有名な漫画家やイラストレーターを徴用してカラフルで凝ったデザインの数百種の伝単を作って香港・シンガポール・フィリピン・ビルマの各戦線で活用した。

なかでも、植民地解放の理念をとうとうと謳って植民地軍にまいた伝単は、フィリピン兵やインド兵に大きな影響を与え、部隊ごと降伏して日本側の戦力に寝返った。白人兵には、妻からのクリスマスカードの形で〝早く帰って来てね〟と訴えたり、今のポルノまがいのヌード画でホームシックをくすぐったりしたが、その出来ばえが優れていて、敵兵は大いに喜びコレクションにした。資料によると参謀本部の情報班が作った伝単は一七〇種、一三五〇万枚。

東京で作って発送した伝単が前線に到着するのに半年かかり、ガダルカナル島の激戦地では餓死寸前の日本軍が、アイ

B-29が各地に散布した空襲予告の伝単

スクリーム製造機をそなえ毎晩映画会を開いているアメリカ兵に降伏を呼びかける珍風景も見られた。

戦争も後段になると、ますます戦況有利となった連合軍はおもに、捕虜となった日本兵に作らせた伝単を各戦線で飛行機から大量に散布した。

第一線では日本は負ける、援軍は来ない、投降せよといった即効を狙ったものだったが、やがてB29爆撃機の本土空襲が始まると、刻々の戦況を詳しく伝える週刊ニュースや軍部への批判・攻撃の宣伝ビラに変わった。

なかでも〝一週間後にこの都市を爆撃する。早く逃げ出すように――〟といった空襲予告伝単はその文句どおりに実行されて、国民は大本営発表のニュースよりも敵側の宣伝ビラのほうを信ずるようになった。

連合軍の作った伝単は数百種、投下されたのは数千万枚、数億枚にのぼるとみられている。現在、保存されている敵味方の伝単類を見ると、おもしろいことに敗れた日本軍のほうが、紙質・印刷技術・アイデア・デザインのすべてにおいて上等であり、ことにカラーの漫画は当時の第一級品である。

一方の連合軍側は紙質もまちまち、文章も誤字・当て字が多く、捕虜の兵隊が描いたためかイラストも拙劣で歴史的な興味を引くが、おもしろみはない。

伝単のデザイン・コンクールでも開けば、日本側が金・銀・銅賞を独占するだろう。宣伝戦は戦況有利なほうに有利、不利なほうに不利である。

英語ではプロパガンダ・リーフレット（PROPAGANDA LEAFLET）、プロパガンダはローマ語の宣教、リーフレットは小さな葉からビラ・チラシを意味する。（共）（↓大本営1）

トーチカ【TOCHIKA】

ロシア語で点、ソ連軍の教範ではコンクリート製の小規模な点陣地、**特火点**をこう呼んでいたのを日本軍も使った。銃砲座のまわりを分厚いコンクリートでおおった陣地は陸軍の『野戦築城教範』では**掩体**（えんたい）だから正規の兵語ではない。

火砲用・機銃用・観測用掩体の点を小銃手の**散兵壕**や**交通壕**の点で結ぶと強い防御陣地になる。もともと「野戦築城」などと戦国時代を思わせる用語だが、日本陸軍では一貫して使い、自衛隊でも適当な用語のないままに受け継がれている。

野戦では攻者は土嚢（どのう）や木材など応急材料で陣地をつくり、防者は準備の余裕があるからコンクリートの堅固な陣地によることが多い。これが永久陣地であり、**要塞**（ようさい）となる。

コンクリートの発明はものの本によると一八二四年、日本の最初のコンクリ構造物は京都山科の橋で明治三六（一九〇三）年と比較的新しい、その翌年からの日露戦争で、このコンクリと強化煉瓦製の旅順永久要塞に大いに悩まされることになる。しかし、このときの戦記には堅固な**掩蓋**（えんがい）とか**堅塁**（けんるい）とか書かれてあり、トーチカの言葉はまだ出てこない。

この言葉が軍関係者の中で使われ始めたのは第一次世界大戦後、ロシア革命のあとソビエト赤衛軍（赤軍）が生まれ、ソ満（満州＝現中国東北部）国境に点々と多くの永久陣地が作られて以来である。

日露戦争以後、その復讐戦を恐れて日本陸軍第一の仮想敵国は新生ソビエトであった。この特火点の突破が関東軍の任務であったから、自然に敵側用語のトーチカ＝点目標の語が普及したのだろう。昭和一二（一九三七）年に始まった日中戦争でも、中国軍は無数のトーチカに立てこもり日本軍を手こずらせた。

機関銃はもちろん、迫撃砲や歩兵砲でも破壊できず肉迫攻撃にたより、その武勇談はしばしばニュースや軍国歌謡に登場するようになってくる。

現在では、こんなはっきりした目標は逆に砲爆撃の絶好の目標となるので擬装した小目標に分散され、材料もコンクリートから移動可能な掩体カバーや強化プラスチックのシェルター、金属製の構造物に変わってきた。

コンクリートは明治の外来英語だが、当初フランス式の日本陸軍ではフランス語でベトン（BETON）を使った。だから前線で隊長の発する命令は、「あのベトンのトーチカを射て」というふうに、奇妙な仏・露・日の合成語となったわけだ。（陸）

（→要塞3）

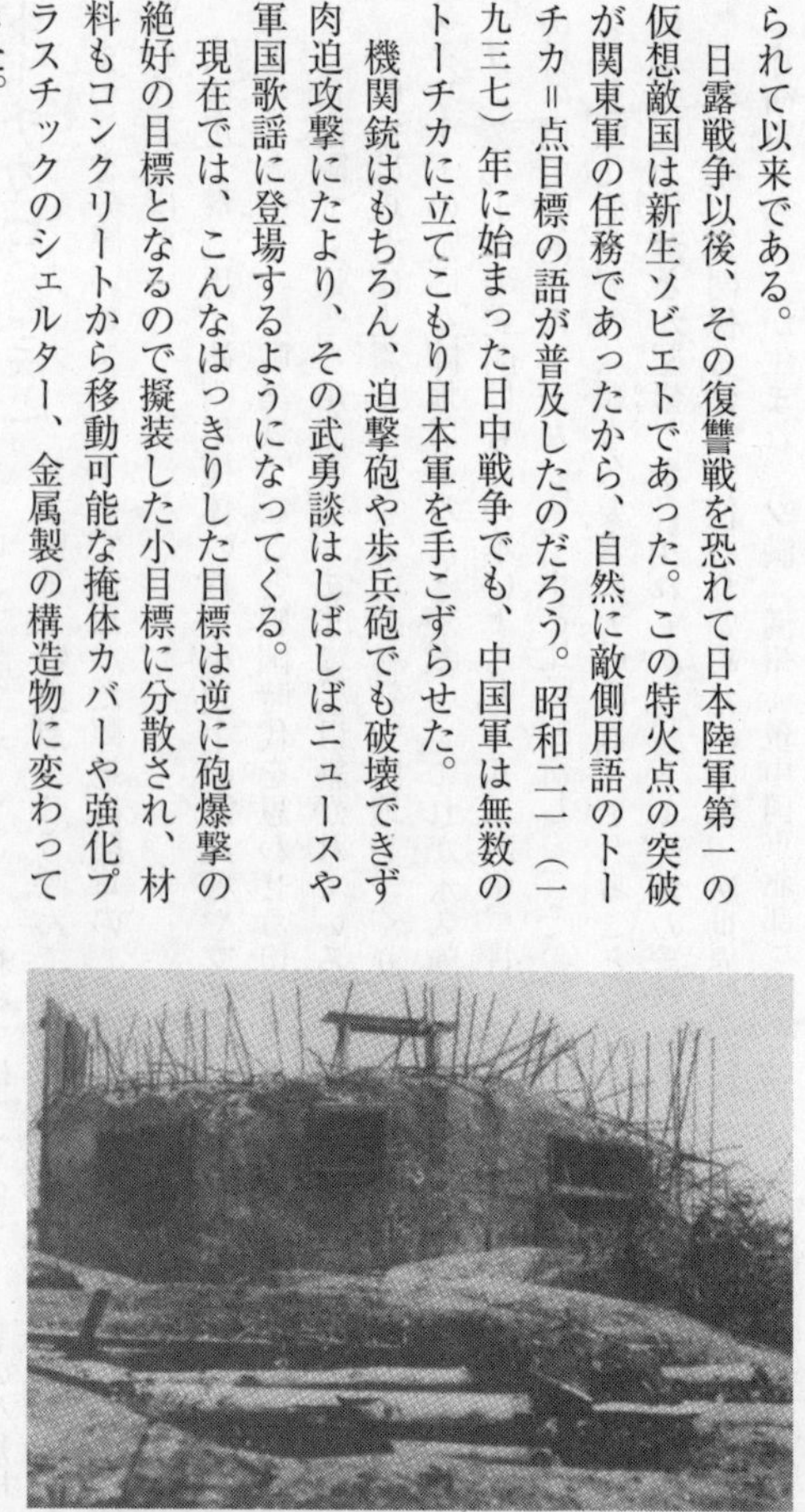

日中戦争の上海戦線で構築中の大場鎮の中国軍トーチカ

日露戦争の大勝利に感激した京都の小学校の教師、真下飛泉は、〝ここはお国を何百里——〟で始まる軍国歌謡『戦友』を一気に書き上げたが、その中に、このトッカンが出てくる。

第五節に、〽折から起こるトッカンに、友はようよう顔上げて、お国のためだかまわずに、おくれてくれなと目に涙……があり、敵弾に倒れた戦友を手当てしているとき、トッカンの号令がかかったため、心を残して前進する兵士の心情を描いている。

明治の教範では突撃始動の号令は、「吶喊」の字なのだが、飛泉の詩では一般の民衆に判りやすく「突貫」の字を使っており、正確には当て字である。

攻撃は結局は敵陣に向かって突っ込んで行くわけだから、突の字を使った兵語は多い。

最も使われている「突撃」は、射撃の効力によって弱体化した敵に対してしだいに近接し、敵陣に達するや一挙に突入路を開いて突っ込むこと。この陸戦の最終段階は昔も今も変わらず、英語でいえば、ATTACK ではなく、CHARGE または ASSAULT である。各国軍の歩兵用小銃が小型軽量の全自動銃となった現在、この銃はアサルトライフル（突撃銃）と呼ばれている。「突進」は敵の方向へ突き進むこと。

「突破」は猛烈な射撃で敵陣の中央に穴をあけ、この一点に突入して左右に迂回し包囲全滅させること、などいくらでも挙げられる。

吶喊でない「突貫」のほうは軍事的には敵の一点に向かって遮二無二攻撃し敵陣を分断す

ることで、前の突破とほぼ同義である。納期が迫って徹夜で工事する現場用語の「突貫工事」も軍隊からきている。

さて本題の「吶喊」だが、これは射撃のあと全軍をあげて突入するにあたって、猛烈な気勢をあげて敵を威圧し味方の士気を高めるために、指揮官の命令で大声をあげることを意味する。

つまり突撃は無声映画的であり、吶喊はトーキー的で一体化されたものだから、夜襲で物音一つ立てずに前進する場合でも、突入の瞬間には大音声を発して格闘戦に入る必要に迫られる。

ラグビーの試合で、チームがいっせいに大声をあげたり、勝利の「鯨波(とき)の声」がこの喊声なのだが、激しく銃砲弾が炸裂し、地に這いつくばっている兵隊が攻撃前進にふんぎるには、自己催眠をかけるこの方法しかあるまい。

明治期には突撃の号令は、〝突撃に前へ〟の予令につづいて〝トッカーン〟の号令で立ち上がり、ウォーと大声を発しながら突入したが、昭和になると〝突撃に前へ進め〟の予令のあと〝突っ込め〟の号令でウォーになった。

この突撃時の叫び声には各国軍のお国ぶりがあり、ロシア・ソ連軍は伝統的にウラー、米軍は口々にKILL JAP（ジャップを殺せ）など気合いを掛け合った。

日本兵は、〝大日本帝国万歳！〟といった喊声(かんせい)も使ったので、米軍側はBANZAI ATTACK（バンザイ突撃）などと呼んでいる。（陸）　（→白兵3・肉弾3）

肉攻【にくこう】

一見すると肉弾攻撃の略語に見えるが、「肉迫攻撃」の略である。肉迫も肉弾と同じように見えるが、肉弾が兵士の体を弾丸に見立てて表現するのに対して、肉迫は敵に向かって兵士の肉体が接するまで、体温の感じるところまで近接することをいい、肉迫攻撃は超近接戦闘の文学的表現ともいえよう。

一般的には近接戦闘は敵との至急距離での銃撃・手榴弾戦、つづく白兵戦（はくへい）・格闘戦だが、日本陸軍ではさらにこれを絞って、狭義に対戦車近接攻撃にあてはめた。正しくは「対戦車肉迫攻撃」で「戦車肉攻」と略し、数人が一組となって実施するチームが「肉攻班」と呼ばれる。

戦車に対する攻撃は小銃や機関銃では歯が立たず、対戦車砲で射撃をしたり通路に対戦車地雷を敷設したりする。陸軍でも常道どおりの攻撃法で初期のうちは戦果をあげていたが、やがて連合軍の戦車の装甲が厚くなって、日本軍の三七ミリ・四七ミリの小口径速射砲では手に負えなくなった。さらに地雷も敵工兵によって探知されたり進路を変えられたりしては効果が薄い。

敵戦車が多く対抗兵器が貧弱ならば、残るは兵士の体当たり的攻撃しかない。壕を掘って一人ずつ隠れて待ち、戦車がくると穴から飛び出して対戦車地雷や、時には黄色火薬を木箱に詰めて作った急造爆雷を抱えて戦車のキャタピラーの下に放り込み爆発させる。

戦車には敵の随伴歩兵がいて飛び出してくる肉攻兵を射撃するため、肉攻班には小銃手がついて援護射撃をすることになっているが、これも戦車の機銃に撃たれて損害多く効果は少ない。

対戦車地雷の安全ピンを抜いて戦車にひかせ逃避するまで数秒、急造爆雷では導火線に火をつけて爆発するまでこれも数秒しかない。敵に射殺されずに逃げても自分の爆薬に吹きとばされる確率も非常に大きい。肉攻は決死隊と同意義でもあった。

対戦車地雷や爆雷も底をつくと、手榴弾を束にして投げたり、ときにビールやサイダーの空びんにガソリンを詰め、ボロ布を導火線代わりに火をつけて、戦車の機関部めがけて投げたりする。今でも反政府デモなどで使われる「火焔びん」で、韓国でも使われるようになった。

日本陸軍の対戦車兵器の絶対的不足は、なにも太平洋戦争の末期だけのことではない。昭和一四（一九三九）年のソビエトとの国境紛争のノモンハン事件に端を発しており、肉攻班も火焔びんもこのときの産物である。

対戦車砲撃は砲兵の仕事であり、爆薬を扱う肉迫攻撃は工兵の仕事であったが、間に合わなくなり歩兵にも回ってきた。

本土決戦が間近となってくると、内地のどこの兵営でも大八車を戦車に見立てて数人の兵が押し、木箱をかかえた肉攻班が次々に飛び出して体当たりする訓練風景が見られるようになった。

事実、昭和二〇（一九四五）年の春からの沖縄決戦では全軍肉攻に近い状態となった。米軍のM4シャーマン戦車はいちだんと装甲が厚く、そのために爆薬量も多くなり、かかえられる大きさではなくなった。

爆発してもしなくても、結局は死ぬ運命と割り切って爆薬箱を背中にしっかりと縛りつけ、戦車の下に飛び込んで飛び散っていった。

多くの少年たちが現地召集の二等兵として肉攻に加わり、背中の爆薬の重みで駆けられず、戦車にとりつく前に次々と機銃で射ち倒されていった。

神風特攻機や「回天」などの兵器で体当たりした将兵は特攻隊として記録に残されているが、事実上は〝必死〟の特攻隊員であった肉攻隊員たちの名はどこにも残されていない。

(陸)　(→白兵3・特攻隊2・肉弾3)


肉弾【にくだん】　兵士の肉体が鉄の弾丸とともに敵陣にとび込み、時には砕け、時には貫通して敵を倒すことの形容句。

この言葉を創ったのは、乃木第三軍の歩兵第二二連隊の旗手として日露戦争の旅順要塞戦を経験した桜井忠温中尉。彼は戦後の明治三九(一九〇六)年の春、東京麹町の出版社からリアリティに満ちた実戦体験記を出版したが、その表題がこの『肉弾』であった。

近代的要塞の威力を知らなかった乃木軍は、コンクリート・落し穴・地雷・死角のない銃砲座、とくに新たに出現した機関銃の連続射撃の前に、いたずらに歩兵の白兵突撃(後に肉弾突撃)をくり返し、半年も攻撃をくり返し六万の死傷者を出した。

この戦場の実相は激烈であり悲惨であり、桜井自身も重傷を負って、この一文も内地の陸軍病院の病床でつづられた。

「肉弾また肉弾、英国新聞スタンダードの一記者は日本軍の喊声は露兵の心臓を貫けり、その腸をえぐれりといった。しかしその喊声は一日一日と薄れて、敵堡塁の前に山と死骸を積んだに過ぎなかったのである。

いくばくの鉄弾をなげうち、いくばくの肉弾を費しても、かの堅牢無比を誇る要塞に対してはほとんど何の効果を上げることができずに終った。

その数回の大突撃も、肉弾また肉弾を投じて勇士の血を枯らし骨を砕くだけに止まったのである。乃木将軍は涙を払って犠牲をなげうち、部下は死を甘んじて致死決戦、肉弾となって敵陣を撃ったのであるが、全滅また全滅を重ねるのみであった」

彼の戦記は従軍記者や作家の文章と違って武骨であり、文章家なら一節の中に肉弾という単語を何度も反復使用することなどありえず、むしろ悪文でさえある。

しかし、現場にいたものにしか書けなかったこの文章は、下級将校や兵士の心情も存分に記されており、戦争ノンフンクションとして、日本海海戦のルポルタージュである海軍の水野広徳大尉の『此一戦』とともに国民の喝采を浴びた。版を重ねること一〇〇六版のベストセラーとなり、世界一六か国語に訳されて外国人に読まれた。

アメリカのセオドア・ルーズベルト大統領は日露停戦の仲介者でもあったが、親友の大隈重信から英語版を贈られて一読大感激し、二人の子供に読み聞かせたばかりか、そのコピーを全陸軍の将校に配布、さらに再版の序文さえ寄せた。

おそらく岡倉天心著の『茶の本』とともにもっとも多くのアメリカ人に読まれた日本の本の一つでもあった。この英語版での肉弾の訳は「HUMAN BULLET（人間弾）」である。

スターとなった著者桜井は負傷のためラインに戻れず、広報畑を転々として二作目も著したが、上部からにらまれ、同僚からそねまれ〝軍人は文筆に手を染めるべきではない〟として退けられ、結局陸軍少将で退役した。

一見して日本軍の忠誠心と勇猛ぶりの戦意高揚文学に見えるが、よく読むと随所に無能な作戦指導や装備の劣悪さや、兵士の厭戦感などが読みとられ、戦場の無意味な悲惨さの叙述は反戦文学とも受けとれる。

皮肉にも無為無策の結果として否定的に使われた肉弾という言葉は、桜井が去ったあと独り歩きを始め、その精神至上主義が美化され「肉弾戦」や「**肉弾三勇士**」となり、**白兵戦**などとともに日本陸軍の精華ともてはやされるようになった。

彼が描きたかった旅順攻略の戦訓も生かされることなく、前近代の近代への勝利という結果だけで、近代軍に見られない日本陸軍のエキセントリックな精神構造を形作る道具に使われることとなった。

この本に使われたもう一つの造語「**必死隊**」は語感が悪かったのか、いつのまにか消え去っていった。（陸）　（→白兵3・肉攻3）

敗残兵【はいざんへい】 いまではもうほとんど見ることもなくなったが、女の子の間に「おてだま」遊びがあった。赤・黄・緑さまざまの小さな布袋に小豆（あずき）などを入れて両手で放り投げる遊びで、歌を歌いながら技を競い合う。

そのお手玉歌の中に、日露戦争の名残りか、

〽イチレツ談判破裂して、日露戦争はじまった
さっさと逃げるはロシアの兵　死んでもつくすは日本の兵

というのがあった。勝つのはいつも日本兵で、負けて逃げるのはいつも敵兵というのが、そのころの日本人の常識であった。したがって戦争ごっこでも負けて逃げるのは敵になった子の役で、この敗残兵という言葉も敵側だけに使われる名詞と相場が決まっていた。

中国や南方戦場からの記事も「無敵皇軍の破竹の進撃の前に敵は多数の遺棄死体を残して敗走して四散し、各地にかくれた敗残兵が捕われて……」といったパターンが繰り返される。敗軍の兵の残りが敗残兵であり、戦国時代風にいえば残党であり落人（おちうど）である。

すでに組織が崩れているから個々に抵抗を続けているものもいるが、食べ物に飢えて人家に押し入って乱暴をはたらいたりする。この掃討戦が落人狩りであり敗残兵狩りである。

戦況が不利になって各地で日本軍が壊滅してくると、それまでロシア兵や中国兵だけのものと思っていたこの言葉がわが身にふりかかってきて、三々五々（さんさんごご）日本の敗残兵たちは山中やジャングルの中を彷徨（ほうこう）し多くは飢えて死んだ。

敗戦となって引き揚げてきた復員兵たちが町の闇市に食物を求めてさまようさまは、疲れきった表情、汚れた軍服、希望のない目のどれをとっても敗残兵のそれであった。（陸）

爆弾三勇士【ばくだんさんゆうし】　**肉弾三勇士**ともいう。特別な用語ではなく昭和七（一九三二）年二月、第一次上海事変で戦死した三人の兵士に当時のジャーナリズムがつけた贈名（おくりな）である。

日中戦争の前哨戦として、その五年前に起こった上海北部での戦闘は、準備された中国軍陣地への日本軍の攻撃戦であった。

中国軍の第一線の廟行鎮（びょうこうちん）という小村の陣地は数条の鉄条網に囲まれていたが、これが破壊できず数度の歩兵の突撃も成功しなかった。

鉄条網を破壊して突撃路を作ることはもともと工兵の仕事である。このため歩兵第二四連隊（福岡）に配属された工兵第一小隊から三人一組の決死隊が出された。

全長三メートルの竹筒の中に黄色火薬を詰めた破壊

東京・芝の青松寺にあった爆弾（肉弾）三勇士の銅像

筒を、三人で抱えて鉄条網に押し込み、導火線に火をつけて爆破する破壊班である。

次々と出された三組九人の破壊班は鉄条網にたどりつく前に機関銃の射撃で全員戦死、つづいて第二次破壊班が編成された。志願ではなく指名制であった。

第一組が北川・江下・作江・第二組が北村・築瀬・杉本の各一等兵で、夜明けとともに今度は導火線に火をつけてから飛び出した。

まず先頭の北川が敵弾で戦死、つづく二人も負傷、あわやまたも失敗かと思われたが、負傷した二人が筒を引きずって鉄条網に差し入れた。轟然と爆発したあと、鉄条網は破壊され突撃路は開かれたが、三人とも肉片となって飛散した。

これが従軍記者によって内地の新聞に載ると、国民は日露戦争の橘中佐、広瀬中佐以来の「軍神」の誕生と感激し、さっそく軍歌がつくられ、『忠烈！　肉弾三勇士』の映画となり、ニューヨーク・タイムズなどの外国新聞にも掲載された。

彼らの実家は、北川が長崎の小作農、江下が佐賀の炭鉱夫、作江も長崎の大工といずれも貧しい庶民の出で、明治の軍神がそれぞれ職業軍人であったのにくらべ、庶民の身近な存在だったので、いちやくスターになった。

一説には過早着火であったから退避行動に失敗したのだ、といった冷静な分析もあるが、興奮した国民感情には逆らえない。軍神は壮烈な戦死を遂げなければならなかったのだ。

実際に第二組の北村組も爆破に成功したうえに全員生還したが、なんの興味ももたれなかった。

戦後、この爆弾三勇士の銅像は三つに切断されて、東京芝の青松寺という寺の床下にあった。次にこの寺を訪れたときにはすでになく、スクラップになったとか、九州の遺族が持ち去ったとかの噂だけが残されていた（現在は、江下一等兵のみの銅像と石碑がある）。（陸）

（↓肉攻3・軍神下8）

白兵【はくへい】　陽に輝いてキラキラと光る刀剣や槍などの有刃（ゆうじん）兵器を、弓矢などの木製兵器や赤い発射光を放つ「**赤兵**（せきへい）」である銃砲に対して使う言葉で、「**白兵突撃**」とか「**白兵戦**」とかの熟語も生まれたが、赤兵の熟語はない。要するに源平以来のチャンバラの道具である。

わが国では刀剣こそ武士の魂であって、万事西欧風となった明治陸軍でもこれを見捨てるはずはない。最初は輸入した両刃の刺突専用のサーベルを腰に下げていた将校たちも、やがて先祖伝来の片刃斬撃の日本刀を洋刀仕込みにして佩刀（はいとう）し、**廃刀令**で全国から回収した数十万の武士の刀も大阪の**砲兵工廠**（こうしょう）で**下士官刀**や**騎兵刀**・**砲兵刀**など官給の制式兵器に生まれ変わった。

日本陸軍の白兵は洋刀または日本刀仕込みの軍刀、騎兵の振るう**騎兵槍**（そう）、銃に装着する銃剣からなり対外戦争に突入する。軍刀や銃剣をかざしての大規模な白兵戦は、欧米では一八七〇年の普仏戦争までだが、日本では日清・日露戦から第一次世界大戦の青島（チンタオ）攻略までつづき、最後の白刃突撃が近代的要塞に勝ったため、白兵戦は夜襲とともに日本陸軍のお家芸となって、八〇年後の本土決戦までその評価は変わらなかった。近代正規軍で二〇世紀の半ばまで儀礼用でなく兵器として将校が軍刀を吊っていたのは日本軍をおいて他にない。『歩兵の本領』という軍歌に〽尺余の銃(つつ)は武器ならず、寸余の剣(つるぎ)何かせん……とある。直訳すれば、銃も剣も武器でなく、大和魂こそ真の武器であるということで、少々誇張されているが、このスピリットが日本軍の一大特徴でもあった。

すでに前世紀に白兵戦闘を捨てた欧米の兵は、太平洋の戦闘で日本兵の凶暴な白兵突撃に悲鳴をあげて逃げまどったが、結局は科学力の前に抗するすべもなく、この白兵戦思想は近代的火力の前に、いたずらに屍を積み重ねることに終わった。

今や各国軍ともこれからの戦闘には銃剣突撃はありえないとして、銃剣術は弾薬を撃ちつくしたさいの自衛戦闘に限定しているが、現実には朝鮮でもベトナムでも格闘戦はなくなってはいない。

自衛隊のパレードには勇ましい明治の軍歌『抜刀隊(ばっとうたい)』(外山正一・作詞/シャルル・ルルー作曲)が好んで演奏されるが、その歌詞に〽進めや進め諸共(もろとも)に、玉散るつるぎ抜きつれて、死ぬる覚悟で進むべし……とある西南戦争のときの軍歌を何人の人が知っているであろうか。

兵語英和辞典では白兵＝COLD STEEL、白兵戦＝HAND TO HAND FIGHTと、いたってそっけない。(陸)　(↓竹槍下5)

匪賊【ひぞく】 匪は世の中を害する悪者、賊は山賊や海賊のように暴力で良民から金品をせしめる強盗だから、匪と賊がダブルと大悪者になってしまう。匪徒・匪類なども同じ。

戦いがつづき世の中が乱れてくると、敗れた側の兵たちや田畑を失った農民たちが山に入って掠奪をなりわいとする武装集団と化する。これが中国では匪賊や馬に乗る馬賊となり、戦国時代の日本でも野武士や野伏せりとなる。黒澤明監督の名作『七人の侍』に出てくるのも中国流にいうと馬賊である。

昭和六（一九三一）年、日本の**関東軍**が中国東北部に「**満州事変**」を起こすと、解体された中国地方軍の残兵をはじめ各地に反日集団が蜂起して抵抗した。なかには本物の強盗団もあったが、日本軍はこれを一括して匪賊・馬賊と見なして討伐戦を展開する。

もともと体制側は、正規軍を絶対唯一のものとし、反体制側の軍を賊軍と決めつける。官軍対賊軍の構図で、日本の歴史でも熊襲・蝦夷にはじまり、平家や会津藩から西郷隆盛まで天皇に対する側を賊軍とした。

いまは体制側に代わっているが、毛沢東の人民解放軍は国民党側からは赤匪と呼ばれ、朝鮮民主主義人民共和国（北朝鮮）の金日成主席も匪賊の一群として白頭山中で日本軍に追われていた。

このゲリラの討伐行動が「討匪行」と呼ばれ、軍歌にもなった。（関東軍参謀部・八木沼丈

夫・作詞／藤原義江・作曲）

〽どこまでつづくぬかるみぞ
三日二夜食もなく
雨ふりしぶく鉄かぶと――

で始まり、暗いブルース調で泥濘悪路、食物と煙草の不足、夜の寒さ、いつ果てるともない掃討戦を一五節にわたってつづった哀調軍歌であった。

そのなかの一節の〽敵にはあれどなきがらに、花を手向けてねんごろに……の部分が、〝敵を手厚く葬るとはけしからん〟と軍部から歌唱禁止命令が出た。

正規軍ならばともかく、匪賊ごときになんたることか、ということなのだろうが、日清・日露戦争には厳然とあった武士道精神は、このころにはすでになくなっていたようだ。（陸）

（↓関東軍２）

火蓋を切る【ひぶたをきる】　猟のシーズンになると、ハンターたちが「初矢はしくじったが、二の矢で仕留めたよ」などと自慢話に興じているが、これは二連銃で撃って初弾は当たらなかったが次弾で射留めたということで、明らかに弓矢の時代からの話法だ。この他にも日常何気なく使われている言葉のなかにも昔の武具に由来するものが多い。

伝来地から種子島と呼ばれた日本の火縄銃は銃身の横の火皿に着火薬をのせ、引き金が落ちて発火する仕組みになっているが、使わないときには火皿の上にふた—火蓋がかぶさっている。いざ戦闘開始となると、この火蓋を上げて発射準備をととのえるが、これを「火蓋を上げる」ではなく「火蓋を切る」と表現する。ここから戦いの始まり、戦闘開始に〝戦いの火蓋が切られた、火蓋が切って落とされた〟という慣用句となる。

同じように、刀もすぐ抜けるものではなく、まず親指で鍔(つば)を少し押して鞘(さや)から刀身を少し出して斬り合いの準備をする。この鞘の口が鯉の口に似ているところから「鯉口(こいぐち)を切る」という成句になって戦いの始まりを意味するのだが、こちらはあまり使われていない。「鍔(つば)ぜり合い」も刀からきた表現で、斬り合う二人の刀が鍔元でせり合い押し合っている状態で、たがいに激しくせり合うさまを表わしている。

刀の柄(つか)と刀身、鞘の触れ合うところに隙間(すきま)ができてガタガタしないようにはめてある小さな板金を切羽(せっぱ)というが、相手のきっ先がこの切羽まで届いて後がない状態が「切羽詰まる」である。物事がさし迫る、まったく窮する、最後の土壇場(どたんば)となる、と辞典にはある。ついでにいうと、土壇場とは江戸時代囚人などの首を斬るときに土盛りした刑場で、切羽詰まったも最後の土壇場に来たも同じような意味となる。

これを従軍記者に書かせると「明け方とともに戦いの火蓋は切って落とされ、しばらくは両軍の間で激しい鍔ぜり合いが展開されたが、午後から敵は兵力を増強し三方からジリジリと包囲態勢をとり切羽詰まった状況となった。最後の土壇場に立たされた部隊長は今はこれまでと部隊に玉砕覚悟の突撃を命じた」となる。

またこれを政治記者が書くと「公示と同時に一議席をめぐって戦いの火蓋は切って落とされ、鍔ぜり合いがつづいたが、A候補有利のうちにB候補はだんだんと切羽詰まってきた。最後の土壇場にきてB候補はとうとう泣き落とし戦術に転じた」となり、今でもりっぱに通用する。

選挙も関ヶ原の合戦や大坂夏の陣のようなものであろう。（共）　（↓干戈3）

俘虜【ふりょ】　小さな辞典をひくと捕虜は出ていても俘虜は見つからない。『字源』には、俘虜はとりこ、とりこにするの名詞・動詞で、俘虜・俘囚をつくり、虜はとりこ・いけどりで、捕虜や虜囚の言葉を形づくる。

ついでにいえば、とりこは生捕（いけどり）とした敵とある。〝恋のとりこになる〟という言葉があるが、昔は捕まえた敵兵は奴隷にしてこき使ったから〝恋のどれいとなる〟も生まれてくる。

いずれにせよ、俘虜と捕虜の間には大きな意味の差は見られないが、一〇〇年前の日清・日露戦争のころには俘虜が多く見られ、時代とともに捕虜に変わってくるから俘虜が古語、捕虜が新語といえよう。

明治三四（一九〇七）年に日本が加入した陸戦条約で、各国の捕虜の取り扱いを規定したときの訳文は俘虜である。

これに基づいて第一次世界大戦に設けられたのが「俘虜情報局」であり、つづいて昭和二〇（一九四五）年に日本軍が解体されるまで、たとえば大本営発表などの公式の場では捕虜でなく俘虜が使われていた。

日中戦争（一九三七年〜）のさなかにつくられた「**戦陣訓**」には〝生きて虜囚の辱しめを受くるなかれ〟などと出てくる。フィリピンで捕虜となり戦後一市民に戻った大岡昇平の小説は『捕虜記』でなく、折り目正しく『俘虜記』になっている。

団体で敵に降伏する場合、指揮官が白旗を掲げた軍使を派遣して交渉するが、個人で降伏する仕方は陸戦条約に規定がなく、まかり間違うと命を失うことにもなる。

日露戦争のとき、真夜中日本軍の歩哨線に一人のロシア兵がとび込んで来て、いきなり歩哨のほおにキスをした。歩哨が仰天すると今度は強く握手し、命がけで降伏の意志表示をしたという。

太平洋戦争の戦記のなかにも〝コーサーン〟と大声で叫びながらアメリカ軍陣地に歩いてくる場面があるが、いずれも風俗や習慣の違いから一歩まちがえると戦死の運命であった。

明治一〇（一八七七）年の**西南戦争**でも、頑強に抵抗する西郷軍に対して、政府軍は「官軍に降参するものは殺さず」という降伏勧告ビラを撒いているが、陸戦条約もなかったので指揮官クラスは賊将として斬首されている。

俘虜も降参もすでに死に絶えた言葉と思いきや雀荘などで〝もうスッテンテンだ。お手上げだ。降参するよ〟といった会話が聞こえてくる。降伏するとき、抵抗する気持のないことを示すため、武器を捨て手を高々と上げるのは世界共通のスタイルである。（共）

（→伝単３）

閉塞戦【へいそくせん】　閉塞＝閉じふさぐこと、閉じ込められふさがれること、採集した昆虫をビンに閉じ込めて栓（せん）をすることがこれで、腸が詰まる苦しい腸閉塞もある。

明治三七（一九〇四）年二月、**日露戦争**は始まったばかりだが、ロシアの旅順艦隊は旅順軍港の奥深く逃げ込んだまま出てこない。港の入口を連合艦隊がとりまいてさかんに挑発するが、ロシア艦隊は戦力の温存を計って誘いに乗らず、踏み込んで中に入ればたちまち沿岸要塞の十字砲火（クロス・ファイア）を浴びる。

そこで連合艦隊参謀の秋山真之中佐が考え出したのが、狭い湾口に古い船を爆沈させてロシア艦隊を袋詰めにしてしまう閉塞作戦だった。司馬遼太郎の『坂の上の雲』ですっかり有名になった松山出身の秋山は、明治三〇（一八九七）年からアメリカに留学していたが、ちょうど起こった米西戦争を米艦上から観戦するチャンスを得た。このときアメリカ海軍はサンチャゴ軍港のなかからスペイン艦隊を出さないため古い石炭船を沈める手を使ったが、これにヒントを得ている。

不足がちな「**御用船**」のなかから一〇〇〇トンから五〇〇〇トンの大型老朽船を集めて実施した旅順口閉塞戦ははるかに大規模なスケールだった。第一回は二月二四日「天津丸」ほか五隻、第二回は三月二六日「千代丸」ほか四隻、第三回の五月二日には「小倉丸」ほか一一隻が、それぞれ真夜中から暁にかけてサーチライトの交差と砲火のなかを港口めがけて突っ込んでいった。

第二回の決行では「福井丸」の指揮官・広瀬武夫中佐が砲弾の直撃を受けて戦死し、のちに「**軍神**」として祀られた。この作戦では暗闇に航路を見失って予定海面からはずれて爆沈する船、潮に流されて漂着する船、岩に座礁する船、敵弾を受けて港外に沈められる船が続出し、やっとたどりついて爆沈しても、その間隔がバラバラで全般的に失敗した。

しかし敵に与えた精神的な影響は大きく、航路は確保され脱出の機会がありながらロシア艦隊は萎縮して動けず、やがて陸軍重砲隊の標的になって全滅した。

この閉塞隊の参加者は全艦隊の志願者のなかから選抜した決死隊で、血書で志願するものもいて船を沈めたあとは砲台に斬り込むつもりで腰に日本刀をぶち込んで出かけた。日本兵の闘志についてロシア側に次のような記録が残っている。

「濡れねずみになって上がって来た敵兵は、わが海岸監視哨に戦いを挑み、ついに全滅してしまった。また、一隻のボートが虎尾半島に打ち上げられたのを見て、これを捕まえに行ったわが陸兵は、日本兵が互いに首を刎ね

広瀬武夫中佐指揮の旅順港閉塞隊に参加、帰還した隊員

合っているのを見て思わず戦慄（せんりつ）して立ちすくんだ」（海）（→軍神下8）

便衣隊【べんいたい】　便衣は中国語で平服・ふだん着のこと。

満州事変から日中戦争にかけての一五年戦争では、日本軍が占領した地域に便衣を着た中国兵が大衆にまぎれて入り込み、歩哨を狙撃したり奇襲をしかけてきた。これが隊をつくると便衣隊となるが、同じ遊撃戦でもゲリラというよりテロに近い。ハーグの陸戦条約の定めでは、制服を着たものだけを軍人として認め、捕虜になっても生命は保証されるが、平服で戦えばスパイと見なされて銃殺もやむをえないことになっていた。

執拗な便衣隊の活動に手を焼いた日本軍は、民衆のなかの便衣隊を捜し出すのに血道をあげ、頭に軍帽の跡があったり手に射撃だこがある男を見つけては銃殺していった。実際にはそんな識別は不可能で激しい戦闘で殺気立っている兵士たちは、少しでも疑わしいとどしどし殺していった。

昭和一二（一九三七）年一二月、中国の首都南京で数万から数十万の非戦闘員が殺されたと伝えられる「南京事件」は、城内に逃げ込んだ中国兵が便衣に着替えて兵士と民衆との区別がつかなくなったのも一因とする説もある。（陸）（→督戦隊2）

砲煙弾雨【ほうえんだんう】　激戦を表わす四字熟語の一つで、昔の兵器辞典には次のように出てくる。

「ハウエンダンウ　激戦ノ光景ヲアラハセル語。大砲小銃ノ煙漠々トシテ人馬コレニムセビ、弾丸ハ雨アラレノ如ク降リ来ル急迫セル場面ナリ。彼我ノ勝敗未ダ定マラズ互ヒニ有ラン限リノ火器ヲ配列シ全力ヲ盡シテソノ威力ヲ発揮シツツアル激烈ナル戦況ナリ」

同じような表現では剣電弾雨といった熟語もある。煙の多く出る黒色火薬を使った古めかしい用語なのだが新聞ではよく使われた。前線から内地に送られてくる戦場レポートにはこの種の表現がやたらに目についた。具体的な記述では検閲の目がきびしかったのか、送稿量が電信などを使うため限られていたのか、あるいは従軍記者が疲れていてイメージがつかみやすい熟語ですませたのか等の理由であろう。

当時使われたお馴染み四文字戦争熟語を羅列しただけでも記事になるから不思議だ。「忠勇武烈にして勇壮無比の我が皇軍は、命を受けて勇躍出陣、一騎当千の将兵は砲煙弾雨・剣電弾雨の中を勇往邁進、激闘数刻にして敵を完全覆滅し威風堂々と基地に帰還した」となり、興奮したムードは伝わるが、結局は記事にリアリティがなくなる。

当時のマスコミも読者もこういった古色蒼然とした言葉遊びで満足していたのであろう。そういえば、古色蒼然も四字熟語だった。（共）

要塞【ようさい】　軍事的に重要な地を守る砦のこと。ひらたくいえば城であるが、日本では専守防御を国是としながら各地の城郭はすべて観光客を楽しませるサイトポイントとなり、近代戦用の要塞は皆無で、この言葉も死語となった。

これには内陸につくる**陸上要塞**と海岸につくる**沿岸要塞**とがあり、敵の海上勢力を砲撃する**砲台**を核とする防御施設が沿岸要塞である。専門的には海に近い江戸城・大阪城・広島城・唐津城などの各城はこの沿岸要塞に属する。

幕末から明治にかけての維新戦争でも、幕府がアメリカの要塞をコピーして築城した北海道函館の「**五稜郭**」や西南戦争で熊本鎮台軍が籠城した熊本城などで要塞戦が戦われている。名勝として有名な五稜郭は死角のない星形をした日本最初の洋式要塞だが、それ以後大陸への進攻を戦略とした日本の内地には陸上要塞はつくられず、朝鮮半島北部や満州（現中国東北部）の北や東のソビエトとの国境沿いに近代要塞を構築し、ソ鮮・ソ満国境要塞群を設けた。

沿岸要塞は海軍力の不足を補い、重要な軍港や海峡を守るために陸軍の**要塞砲兵**が対艦射撃用の大口径の**海岸砲**を配備した砲台で、そのはしりは黒船に対抗して幕府が江戸湾に点々と構築した**お台場**である。明治以後、陸上要塞には無関心だった陸軍も沿岸防御には力を注ぎ、東京湾・由良・広島・下関・長崎・函館・対馬など全国数十個所に**要塞地帯**をつくり、**軍機**（軍事機密）に指定して一般人を立ち入らせなかった。

近代要塞は昔の城郭と段違いで、鉄砲座をコンクリート・分厚い鋼板・煉瓦（れんが）でおおい、戦車壕・地雷原・**鹿砦**（ろくさい）（バリケード）・**陥穽**（かんせい）（落とし穴）・交通壕・兵員室・病院などを組み合わせた強力な構造で、空からの攻撃にも配慮されている。

近代要塞を攻撃した日本軍は、日露戦争での**旅順要塞**を筆頭に太平洋戦争での**シンガポー**

ル要塞、マニラ湾の**コレヒドール要塞**などに大いに苦しめられたが、日本側で威力を発揮したのは戦艦「長門」の主砲級の陸軍最大の四一センチ**要塞砲**を撃ちつづけ終戦の数日後までソ連軍を痛めつけた北満州国境の虎頭要塞ぐらいである。明治以来営々と築き上げた多数の沿岸要塞も期待された一級要塞は、ついに一発も撃つことなく解体され、戦闘をしたのは沖縄の中城臨時砲台、朝鮮の羅清砲台、台湾の高雄砲台など三級要塞だけであった。

要塞の構築作業は明治陸軍以来**築城**の言葉が使われ、本格的な築城を**永久築城**、野戦での応急的なものを**野戦築城**とした。戦国時代を連想させる古めかしい野戦築城は、現在自衛隊でも使っている。（陸）

鹿砦【ろくさい】　鉄や煉瓦、コンクリート材をふんだんに使い長い月日をかけて築き上げるのが永久築城＝要塞だが、攻撃や防御が定まらない野戦築城では手近な材料で昔ながらの簡単なバリケードを作り敵襲を防ぐ。鹿砦もその一種。

もともとは猪や鹿が侵入して田畑を食い荒らさないように考え出した農民の知恵で、枝のついたままの木や竹の幹を外に向けた防御物。枝の張ったところが鹿の角に似ているため**鹿垣**と呼ばれ、柴を用いて**鹿柴**とも書く。

襲ってくるのは猪も敵兵も同じようなものだから、早くから軍用に転用されて**逆茂木**、**さかもがり**、**鹿角砦**などの呼び名があった。

軍記物の中にも一二世紀の『平家物語』に〝大石をかさねあげ、大木をきって逆茂木を引き――〃とか、一四世紀の『太平記』に〃鹿垣を二重三重に結び回し――〃とか歴史は古い。
これらのしがきやさかもぎは、やがて明治陸軍の工兵操典では鹿砦といかめしい漢語となるが、こうした知恵は各国共通で英語のABATISがそれである。アバティスには有刺鉄線の意味もあり、この頃の農家は害獣よけに鉄条網を張りめぐらしているから鉄条網は鹿垣の生まれ代わりであろう。

　操典に出てくる工兵が作る障害物は伝統的とでもいおうか、時代がかった言葉が多い。いま述べたしがきが鹿砦になったのをはじめ、落とし穴が**狼穽**（ろうせい）、材木を鞍形（くらがた）に組んで騎兵や上陸部隊をはばむ**拒馬**（きょば）、柴を編んで作る**束柴**（そくしゅう）、それを円筒状にした**堡籃**（ほうらん）などなど、『太平記』の絵巻を思い起こす。

　狼穽というのは地面に丸く深い円錐形の穴を掘り、底に鋭く削った杭（くい）を打ち込んだ落とし穴。地形・地物を利用しながら攻撃して来る敵兵は、目の前に開いた穴を身を隠す絶好の砲弾孔と思って頭から跳び下りて串刺しになる。鹿垣と同じように、家畜を襲って来る狼を退治した農民の知恵から出ている。日露戦争の**旅順要塞戦**ではコンクリート製の狼穽が無数に掘られて、跳び下りをためらううちに敵弾に倒される日本兵も多かった。

　これらの手作りのバリケード類は、近代火力の前には木っ端みじんに砕かれて無力だが、ゲリラ戦法としてはまだまだ有効で、**ベトナム戦争**でアメリカ兵たちは鹿砦・狼穽をはじめ、さまざまのブービートラップ（仕掛けわな）に引っかかり多くの戦死者を出している。（陸）

（→要塞3）

4. 教　育

一選抜（共）
雄健（陸）
折敷（共）
海兵団（海）
教化隊（陸）
教導団（陸）
軍人勅諭（共）
五省（海）
五分前精神（海）
作要（陸）
自分（陸）
章持ち（海）
ショート・サーキット（海）
振天府（共）
須知（共）
出船の精神（海）
典範令（陸）
独断専行（共）
特幹（陸）
中野学校（陸）
習志野学校（陸）
配属将校（陸）
武窓（共）
不動の姿勢（共）
匍匐（陸）
幼年学校（陸）
予科練（海）
陸士・海兵（共）
練兵場（共）

たとえ徴兵でいやいや軍隊にとられたとしても、階級が上がる進級は兵隊にとっては一大関心事である。なかには大学出で資格がありながら将校になる**幹部候補生**の試験も受けず、強制されて受験しても白紙答案を出すような出世に無関心な豪の者もいたが、ふつうの若者にとっては軍隊の中での出世は社会に帰ってからも物をいう。

給料では月額一三円一〇銭の二等兵の俸給が一等兵になると一六円になるだけで大した差ではないが、とにかく、一つ位が上がれば上からのプレッシャーはやわらぎ下には大きな顔ができる。不条理な体罰や苦役も減り、それなりに自由も増えてくる。

上等兵になるか「**下士官適任証書**」でももらって故郷に帰れば、よい嫁取りや養子の口も見つかり就職にも都合がいい。大学出が軍隊内の出世に無関心でいられるのも家に帰れば富裕の生活が持っており、確実な就職が保証されているからであろう。

平時、陸軍では二等兵で入営して半年目に一等兵へ、一年目に上等兵への進級のチャンスがある。海軍では四等兵で海兵団に入り五か月後に三等兵へ、そのあと八か月で二等兵への進級試験が受けられる（大正九年より。やがて海軍も昭和一七年より一等兵からとなり戦時中は進級のスピードも早くなった）。

一選抜【いっせんばつ】

この進級のためには平素の学科や術科の点を重く見て試験が省略されることもあるが、上級者への覚えよく立ち回ることもサラリーマン社会と同じで、**軍人勅諭**になぞらえて「一、軍人は要領を以て旨とすべし」といったモットーもある。

学校と同じように兵隊たちも成績順に右から左へ序列化され成績の最優秀なものが最右翼となるが、その最右翼から第一次選抜・第二次選抜の順で進級が発表される。

この第一次選抜者が一選抜で、「あいつはどこから見ても一選抜だ。今度の進級で上等兵になるのはまちがいない」ということになる。（共）（→特幹4）

雄健【おたけび】 陸軍にあった将校の社交場の「偕行社」は、海軍の「水交会」とともに今も生きつづけているが、ここの出版物で長い間ベストセラーとなっている本に『雄健』がある。内容は陸軍の軍歌集である。

〝おたけび〟は古来の大和言葉で、『広辞苑』によると、①雄々しく振る舞うこと、②勇ましく叫ぶこと、叫び声、とあり、字は、男健、雄詰、雄叫などがあてられている。

②の雄叫は、戦闘のはじまりや勝利を得たときに兵士らが士気を高めるために声を合わせて叫ぶ怒声で、戦国時代に槍をあげてエイエイオウと声を張り上げたのがそれだ。いまでも野球の応援席の応援団がこの雄叫をあげている。

この雄叫や勝利のときの声の「勝鬨」は、やがて〝大日本帝国万歳〟や〝天皇陛下万歳〟のコールとなり、突撃のときこの万歳を叫びながら突っ込んだために、連合軍側からはBANZAI ATTACK（バンザイ突撃）として恐れられた。

昭和に入ると、軍歌は**陸軍士官学校**や**予科士官学校**の正規の教科書に収められ、その教科書の名をとって雄叫が代名詞となる。

町ではいくらも出されていた軍歌集に対して、正規の軍歌集は『軍歌雄叫』(陸)と『海軍軍歌集』、『吾妻軍歌集』(海)だけで、予科士官学校の一つ下の幼年学校では、正課は軍歌でなく『唱歌』で、教科書も『唱歌集』であった。

昭和二年発行の『軍歌・雄叫』に載っている一八〇篇の歌のうち、いまだに歌われているのは数編でほとんど死にたえている。いま軍歌として残っている『加藤隼戦闘隊』や『空の神兵』『同期の桜』などは、いずれも映画のテーマソングなどで、国民歌謡と呼ばれたジャンルに属し正式の軍歌ではない。

〽ここはお国を何百里……、で有名な『戦友』(サトウハチロー・作詞/徳富繁・作曲)などは軍歌の代表のように思われているが、意外なことに、その厭戦的なムードから軍隊では歌うことを禁じられていた国民歌謡である。

士官学校最後の『雄叫(おたけび)』は、最後の予科士生徒であった六一期生が敗戦のとき、再起を誓って作詞・作曲した『再起の歌』で、悲痛なメロディの軍歌だが知る人は少ない。

戦前の『雄叫』がどうして戦後『雄健』と名を変えたのかは不明であるが、軍歌のほかに雄健の名を残すものに「雄健(おたけび)神社」がある。

陸士校や予科士官学校に建てられた軍神を祀った小さな木造の社(やしろ)だが、戦後は放置され進駐軍の兵隊の手で無残な落書きにおおわれていた。そのいくつかは復旧再建されて、ありし日の記念碑として保存(防衛省市ヶ谷庁舎メモリアルゾーンなど)されている。(陸)

折敷【おりしき】

号令は「おりしけ」。不動の姿勢（気を付け）や敬礼など兵隊の基本動作のなかで、日本軍にはあって自衛隊にないものの一つが折敷の姿勢。

操典によると、この動作は「左足を前にふみ出し左手で銃剣のさや、（旧軍では鞘という字を使った）を前に払い、右足を地に着け、尻を右足にのせ、立銃（たてつつ）の時における如く銃を下げ、これを右膝の前に立てて銃身をうしろにし右手で木被（もくひ）（銃身を覆う木部）を握り左前ひじを膝射（ひざ）ちの姿勢」とある。

文字どおり足を折り尻を地に敷いたスタイルで、説明すると長いが簡単にいえば銃と左膝を立てたあぐらのようなもの。銃を持ったまま腰を下ろす休憩の姿勢なのだが、そのまま膝射ちに移行できる戦闘用姿勢でもある。

自衛隊でも旧軍の名残りがまだ残っていた時代には折敷は教範にもあり各個教練でも教えていたが、射撃の姿勢に膝射ちの構えがなくなり、蹲踞（そんきょ）の構えの「しゃがみ射ち」やべったりとあぐらをかいた「坐（すわ）り射ち」に変わってくると、いつのまにか教範から消えていった。

休憩になると銃だけは傷まないように立てかけるが、あとはそれぞれ自由な格好で休むことになっている。

以前に上映された黒澤映画の『影武者』のなかで武田信玄の足軽部隊が長い槍を立て、型どおりの折敷の姿勢で総大将の帰りを待つシーンがあった。

外国の軍隊では地面に尻をつけたりしゃがんだりする動作は少ないので、あるいは日本古来の戦闘スタイルなのかもしれない。(共)

海兵団【かいへいだん】　同じ海兵と略される海兵団と**海軍兵学校**の違いは、戦前では子供でも知っていた。

海兵は陸兵に対して海軍兵士を略した言葉だから海兵団は海軍兵士の団体、兵学校のほうは海軍兵を教育する学校と思われがちだが、まったく違う。

海兵団は教育訓練の機関ではあるが学校でも団体でもなく、兵学校は海軍兵の学校ではなく海軍士官の養成学校で、ここにいる兵士は**定員**と呼ばれたわずかな勤務兵だけだった。

この海兵団はさまざまの機能をもっている。第一に新兵の教育機関で、現役の士官候補生以外の海軍に入った若者は、一度はここの門をくぐる。

徴兵・志願兵はもちろん満一四歳の**特別年少兵**も、やがては士官となる学校出の**予備学生**も、最初はいちように**ジョンベラ**(セーラー服)の水兵服を着て海軍の初歩的な教育を受ける。

兵士になると横須賀海兵団に入団した志願兵ならば「横志○○○番」、呉海兵団に入った徴兵ならば「呉徴○○○番」といった**兵籍番号**がつけられ、階級は最下級の海軍一等兵(以前は四等兵)だが、階級章のない腕は黒の服地のままなので、**カラス**と呼ばれた新兵が生まれる。

教官・教員・**教班長**のもとで三か月水兵としての基礎教育をみっちりと叩きこまれて、卒業するとそれぞれ艦隊勤務や陸上勤務に巣立っていく。

陸軍の新兵が初年兵教育がすんだあと、そのまま兵営に留まって生活をつづけるのとは違うが、その厳しさは陸も海も変わらず、カイヘイダンは陸のナイムハンと同じに体験者にとっては悲喜こもごもの響きがある。

終戦時までに全国一五の海兵団から巣立った数は准士官二万二六四七名、下士官・兵一六九万三二二三名という膨大なものとなっていた。

第二の機能は、艦隊や基地から帰ってきた准士官や下士官候補と**軍楽練習生**の教育である。

それぞれの出身国へのいわば出戻りであるが、今度は昇進が約束されるから楽しい里帰りである。

三番目の機能は、海兵団が属する軍港の**鎮守府**の付属部隊としての任務で、軍港の周辺警備、防空・防潜（水艦）、兵士たちの治安維持などがふくまれる。現在の海上自衛隊にあてはめれば、教育部門が教育隊、防衛部門が防備隊や警備隊となっている。大戦末期にはこれらの部門は即実施部隊となり、空襲で敵機と砲火

円陣になって軍歌演習を行なう横須賀海兵団の新兵たち

を交えた。

最後の機能は、艦隊や陸上部隊、学校などへの補充要員の溜り場としての存在である。初年兵教育を終わってもまだ配属先が決まらない新兵、配置換えや転任の途中で一休みしている兵、乗艦が撃沈され濡れねずみとなり九死に一生を得て帰ってきた兵らが、任務のない気楽さとこれからの不安とが混じった気持ちで海兵団でブラブラして日を送る。

つまり定員外の兵隊で、大戦末期から横須賀市武山にあり、今は陸上自衛隊の高等工科学校などになっている横須賀第二海兵団などは、めちゃくちゃに増やした新兵と濡れねずみを合わせて三万名が渦まいていたという（海）

（→陸士4・海兵4・特年兵1・鎮守府1・ジョンベラ下6）

教化隊【きょうかたい】　姫路にあったと伝えられる陸軍教化隊を調べようと戦前版の分厚い『軍事年鑑』を見ても兵語辞典を見てもほとんど載っていない。あまり表に出したくない恥部だからであろう。

脱走や反抗などの軍刑法、窃盗や詐欺などの一般刑法で憲兵隊に捕まった兵は、まず拘禁所に拘置され、**軍法会議**という名の軍事裁判で有罪となれば、師団司令部にある**陸軍衛戍監獄**や鎮守府にある**海軍監獄**で服役する。

ここまでは一般の刑務所と同じだが、大勢の兵隊のなかには何度刑務所に入れても少しもこりずに脱走・反抗・窃盗を繰り返すしたたか者もいた。刑がどんなに長くても兵役期間にもかからぬ軍隊のもて余し者となる。かれらは人の恐れる重営倉などは屁とも思っていない。こんな札つきの極道たちを一か所に集めて徹底的にヤキを入れ直そうと設けられたのが、明治三五（一九〇二）年、姫路の白鷺城下の第一〇師団に設けられた「陸軍懲治隊」で、これがのちに陸軍教化隊と名を変える。まさに刑務所の中の刑務所で、「網走番外地」のようなイメージだが、囚人とはいっても兵籍にあるから「教化兵」と呼ばれる。海軍にはこの施設がないので、海軍の札つき兵もここに預けられる。

「しばしば刑罰または懲罰に処せられても容易に改悛の情なき者を収容し、これを教導感化する所」と陸軍教化隊令にある。辞書によれば、教化とは教え導いて善に進ませること、仏教語でもあるけとあり、なにやら線香臭い言葉だが、教化兵たちがどう教化されたかはおぼろげに想像できる。この教化隊はふつうの刑務所が服役労働や職業訓練の場であるのに対して、精神の鍛え直しの場であることは教化隊令でわかる。

日本の軍隊そのものが教育訓練を名分にした苛烈なしごきの場であったが、軍刑務所のきびしさはそれにしんにゅうがかかり（倍加し）、教化隊ともなればしんにゅうもダブルになる。服役でなく教育だから教育効果があれば除隊でき、その在隊期間は短くて二、三か月、長くて二年と懲役よりも短い。ただしこの教化が終われば、また憲兵の手で元の軍刑務所に戻され、そこで残りの服役を終えたあと、やっと原隊に戻されて兵営生活を満期まで送ることになるから先は長い。

原隊にいつまでも帰れずに、風光明媚な姫路教化隊で終戦を迎えた教化兵が、戦死せずに生き延びたことだけは確かである。

ここに明治三九（一九〇六）年から大正六（一九一七）年にかけての数字があり、この一二年間の教化兵の延べ人員は三二四五人となっている。戦争の合間の平和な時代だが、その内訳の最も多いのは逃亡の一〇六六人。

なかにただ一人、請願令違反による教化兵がいる。陸軍観兵式の真っ只中(ただなか)、着剣した銃を持ったまま天皇の前に飛びだして直訴し、松本清張著の『昭和史発掘』にも書かれた北原二等卒であろうか。（陸）（→重営倉下7・脱柵下7）

教導団【きょうどうだん】 渋沢栄一は明治時代を振り返って、「面白い時代だった。ちょうど、新開地に荒物屋(あらもの)を開いたようなものだった」と述懐している。荒物屋は今の雑貨屋をいう。

渋沢が商売人だったからこんな表現になるが、アメリカの西部開拓時代に似て混沌とした中から明るい展望が生まれてくる新興国家の雰囲気を物語っている。

欧米を手本にしたすべての新しい制度が試行錯誤のなかからでき上がってきたように、近代陸軍の幹部を養成する教育制度も二転三転している。

将校を養成する**陸軍士官学校**も、はじめ維新戦争のさなかに「兵学校」として京都に設けられ、やがて大阪に移って「兵学寮」となり、さらに天皇とともに東京に移り幕府の沼津兵学校を合併して「陸軍兵学寮」となり、明治五（一八七二）年に士官学校として落ち着くまでに五年間もかかっている。

　この大阪のときの兵学寮のなかに下級士官養成の教導隊があり、これも東京に移って教導団と名を変えて陸軍省の直轄となった。それは士官学校の誕生より一年早く、同時に二つの士官養成機関があることになった。未来の陸軍将校を夢みる少年たちは、この二つのどちらかを好みに合わせて受験するが、できたばかりの陸士よりも歴史の古い教導団が好まれた。

　このへんの混乱ぶりを吉原矩・元陸軍中将はこう述べている。

「教導団のほうが宣伝がつよく、士官学校の存在は一般には伝わらなかった。教導団へ入団後初めて士官学校の存在を認識した如き広報状態であった。

士官学校と教導団とは、能力程度において差などがあったのではなく、悪くいえば目先のきかない人、よくいえば名声利達の如き人生において何の価値ありやと、人生の意義を他に求めたとの相違があったくらいであった。

　将校補充の系統確立するや、随分（ずいぶん）進級の遅れた人もあり、〝桃栗三年柿八年、○○大尉は十三年〟と口さがない兵共が陰口をきいたこともあったが、これらの人士の中には日清戦争直後、すでに電線電信に関する英書をひもといて悦に入っていたというが如き篤学の士もあったほどである」（九段社刊『日本陸軍工兵史』）

　やがて士官学校が着々と整備されるにしたがって、教導団は下士官の養成機関となり、ノンキャリア組の団体となった。しかし、なかには一念発起して士官学校を受け直し、最高位の陸軍大将にまで出世した鮫島重雄・神尾光臣・山梨半造・武藤信義などの俊才もいる。田中義一などは給仕・書生から教導団、士官学校をへて、陸軍大将はおろか内閣総理大臣・男爵にまで栄達した。陸軍の重鎮の山県有朋や大山巌・児玉源太郎・乃木希典といった武将たちが、陸士の誕生前の無学歴派だったことをみても、学歴社会など生まれる前の「新開地に荒物屋を開いた時代」であった。

千葉県・国府台にあった教導団は、昭和に入ると仙台・豊橋・熊本に分散し「**陸軍教導学校**」となって下士官を育成するが、日中戦争とともに絶対数が不足した下級将校を養成するための「**予備士官学校**」に変貌した。このため、下士官の養成や訓練は各地の軍の**下士官教育隊**での実地教育となり、明治の教導隊以来の幕を閉じることになった。

いま、陸上自衛隊の富士駐屯地に富士教導団があるが、これは普通科・特科・機甲科などの教育支援を任務とする、富士学校の隷属部隊である。(陸)

軍人勅諭【ぐんじんちょくゆ】 『広辞苑』によると、勅語とは〝天皇が大権にもとづき国務大臣の副書を要さず親しく臣民(国民)に対して発表した意思表示〟で「教育勅語」などがある。勅諭とは〝天皇の親しく下した告諭で訓示的・特定的の意味を含む点で勅語とは異なる〟とあり、この軍人勅諭はその代表的なものである。

明治初期の勅語や勅諭は軍事に関するものばかりで、「海陸軍律」の勅諭をはじめ、「徴兵勅諭」、「軍旗親授の勅語」、「西南戦争逆徒征討の勅語」などズラリとつづき、明治一五（一八八二）年一月四日に全軍人に対して出されたこの勅諭はその一五番目、軍人への訓示としてははじめてのものとなる。

明治建軍から昭和二〇（一九四五）年まで日本の軍隊は天皇の軍隊であったから、開戦や終戦など折りにふれて明治・大正・昭和三代の天皇は軍人に対して勅語や勅諭を下した。最後の終戦・解軍とともに出された「陸海軍軍人ニ賜ハリタル勅語」で幕を閉じるが、その間の八〇年に数十回の軍人への呼びかけが出されている。

この軍人勅諭は、正式には「陸海軍軍人ニ賜ハリタル勅諭」といって、〝我国の軍隊は世々天皇の統率し給う所にぞある〟に始まり、〝朕（ちん）一人のよろこびのみならんや〟で終わる数千語に及ぶ流麗な漢和調和文は、陸軍の総帥の山県有朋が原案を作り、文人福地源一郎が作文したといわれている。

音読すると一〇分ほどもかかる長文なのだが、当時の軍隊にはこの軍人勅諭をはじめ、後の「**教育勅語**」や「**戦陣訓**」の全文をよどみなくスラスラと暗唱する兵隊が何人もいた。丸暗記の教育方針もあるが、一方いかに覚えやすいリズミカルな名文であったかがうかがえる。

この軍人勅諭は日本軍人のバックボーンをつくる道徳律であり、キリスト教のバイブルにもあたる絶対性をもっていて、日本の男子は兵営内ではもちろんのこと、入営前から丸暗記に一生懸命だった。そのとうとうたる暗唱を聞いていると教会でのお祈りや寺での読経を聞くのと同じような心情となってくる。

玉砕の島で自決した将兵や、戦争犯罪人で処刑された将兵たちが、最期のきわに朗々と軍人勅諭を唱えながら死を迎えたエピソードは数多い。

大戦初期の香港攻略戦で手柄をたて、ガダルカナル争奪戦で「あとに続くを信ず」と遺言して戦死した若林東一中隊長も、最後まで軍人勅諭を口ずさんでいたという。

ただこれも陸軍と海軍とは少し趣きを異にしており、〝一応目を通しておけ、暗記する必要はない〟と教えられた海軍の学生・生徒も多い。典範令（てんぱんれい）などの文章の丸暗記教育はむしろ陸軍のお家芸であったようだ。

この勅諭は前文と五箇条の訓示に結語から成り立っている。前文は、日本の軍隊は神話の時代から天皇親率の軍隊であり、天皇を大元帥として兵権を武士に委（まか）せた失態をくり返すことなく国のために尽くせと強調している。今でいうシビリアン・コントロールであり、旧武士階級の復権に釘を差したともとれよう。

つづいて本文に、

一、軍人ハ忠節ヲ尽スヲ本分トスベシ
一、軍人ハ礼儀ヲ正シクスベシ
一、軍人ハ武勇ヲ尚ブベシ
一、軍人ハ信義ヲ重ンズベシ
一、軍人ハ質素ヲ旨トスベシ

の五箇条の道徳律の柱が示され、結語では、軍人は「ひとつのまごころ」が大切で、これらの軍人精神は表裏のない誠実さによって実行されると結んでいる。この柱と順番はことのほか大事で、兵隊たちは〝チュウ・レイ・ブ・シン・シツ〟と覚え込んでいく。国家への忠誠、互いの礼儀、勇気、信義、身のまわりの質朴さは、いずれも洋の東西を問わず軍人共通のモラルで、外国の軍人たちも、この明治時代の古典的道徳律をよく理解している。

現在自衛隊では、任務に対する責任感は重視するが、戦闘や死への心構えを育成する精神教育はあまり行なわれていない。欧米の軍学校が校内に教会を整備して宗教教育を重視している現状と対照的である。

昭和五四（一九七九）年の防衛大学校の卒業式で、石田元最高裁判所長官が軍人勅諭について語ったところ、失笑する学生の姿が多く見られた。軍人勅諭も教育勅語も、カビ臭い明治の遺物として古物化されている。（共）

五省【ごせい】 士官を育てる海軍の学校で、候補生たちに士官としての品性を高めるためのモットー。予科練などでも用いられた。

五つの反省の略で、五箇条からなっている。

至誠ニ悖ルナカリシカ（忠誠心、誠実さに反しなかったか）
言行ニ恥ヅルナカリシカ（言葉や行動に恥ずかしいことはなかったか）
気力ニ欠クルナカリシカ（気力に欠けることはなかったか）
努力ニ憾ミナカリシカ（努力が足りなくなかったか）
不精ニ亘ルナカリシカ（だらしなくなかったか）

これを明治天皇の軍人勅諭の五箇条とともに、夜の自習時間のあとなどに朗唱し、一日の反省とする。

貴族趣味のイギリス海軍の自主性を手本としているから、その内容はあくまでも個人の内省であって強制されるわけではない。

軍人勅諭の五箇条の忠節とかには今でも軍人社会で通用する普遍性があるが、会社の朝礼などで唱和させられる社訓モットーなどは、一生懸命働きます、もっと売り上げを上げる努力をします、といった具合で、まったく格調に差がある。（海）（↓軍人勅諭4）

五分前精神【ごふんまえせいしん】 海軍士官のモットーに〝スマートで目先が利いて几帳面、負けじ魂、これぞ船乗り〟というのがある。海軍兵学校では運用の時間などでシーマンシップの〝いの一番〟として教えられた。万事イギリス海軍を手本としていたので、そこからの意訳と思われるが、原典は明らかでない。

このなかのスマートは様子の格好よさではなく、SMARTNESS—活発・機敏・合理性・有能さを示し、負けじ魂も強風や荒波に対するがんばり、というより克己心を意味するものと教えられた。

海軍全体の伝統ともなっていた五分前精神もそのスマートさの一つで、戦闘はもちろん訓練・術科・学校から日常生活に至るまで定刻の五分前までにはすべての準備がととのい、心の用意もすませておく心構えをいう。

軍艦の出港一つとっても、おいそれと走り出せるわけではなく入念な準備がいり、それも定刻に間に合えばよいというものではなく、不時の出来事にそなえて時間に余裕をもたせなければならない。

生活面でも、陸軍の起床は起床ラッパが鳴って目を覚まし起き出すが、海軍ではまず〝総員起こし五分前〟の号令がかかって目を覚まし、心の準備をすませラッパとともに吊床（ハンモック）からとび出す。以下一日の行事が五分前精神でスマートに進んでいく。

どの集まりでも定刻集合となれば遅刻をする者が一人や二人出てくるのがふつうだが、旧海軍の戦友会などでは五分前には皆集まっていてすぐに行事に移れる。〝習い性となる〟であろう。

この五分前精神を知らない〝近頃の若いもん〟はデートに遅れてガールフレンドにさんざんに絞られている。（海）

作要【さくよう】『作戦要務令』の略。陸軍のマニュアルには『歩兵操典』のような各兵科の操典や『射撃教範』のような術科の教範があるが、この『作戦要務令』はそのすべてを総合した戦闘用の教科書といえよう。

日中戦争の起こった半年後の昭和一三（一九三八）年二月に、天皇の裁可を得て全軍に配られた。これまでも、行軍や宿営などの陣中勤務については『陣中要務令』、歩兵や騎兵などの別兵科がいっしょになって戦う各兵科連合の戦闘については『戦闘綱要』があったが、近代戦には時代遅れとなったのでこれを抜本的に改め、合わせて一冊とした。

戦闘がつづいている中国戦線から送られてくる戦訓（戦闘の教訓）を積極的に取り入れ、真の狙いは将来の対ソビエト戦争の用意にあったといわれる。

全篇は四部と付録からなり、次のように各篇に分かれる。

綱領　総則

第一部　第一篇　戦闘序列及び軍隊区分
　　　　第二篇　指揮及び連絡
　　　　第三篇　情報
　　　　第四篇　警戒
　　　　第五篇　行軍

第六篇　宿営
第七篇　通信

第二部
第一篇　戦闘指揮
第二篇　攻撃
第三篇　防御
第四篇　追撃及び退却
第五篇　持久戦
第六篇　諸兵連合の機械化部隊及び大なる騎兵部隊の戦闘
第七篇　陣地及び対陣
第八篇　特殊の地形における戦闘

第三部
第一篇　輸送
第二篇　補給及び給養
第三篇　衛生
第四篇　兵站
第五篇　戦場掃除
第六篇　気象
第七篇　憲兵
第八篇　宣伝の実施及び防衛

第九篇　陣中日誌及び留守日誌
第四部　ガス戦・上陸戦が記述されているが機密扱いで、一般には公表・配布されていない。
付録　手続き上の書式や表の様式が示してある。

というように当時考えられる陸上戦での行動のすべてが包括されており、「軍人勅諭」が精神上のバイブルとすれば、作要は実施面でのバイブルといえよう。

明治以来の陸軍のマニュアルが、フランス陸軍やプロシア陸軍の影響を受けていたのに対して、新しくつくられた『作戦要務令』は、日清・日露の勝利で自信をつけた軍が、昭和のはじめからのナショナリズムの高揚ではずみがついて、日本陸軍独自の戦闘思想が強く盛り込まれている。


冒頭に「軍ノ主トスル所ハ戦闘ニアリ」とあるような武力戦闘重視で、情報・補給・宣伝・医療などは軽視され、「歩兵ハ戦闘ノ主兵」として銃剣突撃の白兵戦を讃美し、「攻撃ハ勝利ヲ得ル唯一ノ手段」「一旦(いったん)占領セル地区ハ寸土トイヘドモ再ビ之ヲ敵手ニ委(まか)スベカラズ」と攻勢の重要さを記している。

要するに、武力戦闘・攻撃・歩兵・白兵戦闘第一主義で、退却を極端に嫌っている。

一方、包囲殲滅(せんめつ)戦は重視しながら先制攻撃・奇襲・夜戦などの採用を強くすすめているのは、日本陸軍の慢性的な兵力不足・兵器不足によるところで、随所に「攻撃精神ハ忠君愛国ノ至誠ヨリ発スル軍人精神ノ精華ニシテ」「率先躬行軍隊ノ儀表ニシテ其ノ尊信ヲ受ケ仰ギテ富嶽ノ重キヲ感ゼシメ」といった、装飾の多い精神力を強調した文章があふれている。『歩兵操典』などの兵科マニュアルは、日中戦争・太平洋戦争の戦訓を採り入れて改訂が行なわれたが、根本思想の転換はそう簡単にはいかず、終戦まで陸軍唯一の基準戦闘書とされた。

敵の連合軍側はこの作要を徹底的に研究してその手口を会得し、南方戦線では、退却を知らぬパターン化した攻撃・銃剣突撃・夜戦などに効果的な対抗策を講じた。想像を絶する砲撃力、綿密な火網、重装甲の機甲部隊、航空機やレーダーなどの新兵器の前には、参謀たちが必死になってつくった昭和十三年の戦術思想は通用しなかったのだ。

かつて高度成長はなやかな時代に、この陸軍のバイブルを商売のバイブルに応用しようという知恵者がおり、企業ゼミナールのテキストにも使われて復刻版が大いに売れたことがある。ビジネスの世界にも組織の運用や管理の方法、企画を実行に移す方法、危機への対応、部下の掌握や決断などの点で幹部クラスの参考になると考えられたためであろう。

日本陸軍の攻勢重視、歩兵第一主義と、ビジネス重視、セールス第一主義が共通しているというのだろうか。ビジネスを戦闘と見なせば、お客さんは目標あるいは敵で、会社は軍隊だから企業戦士などという言葉が違和感もなく使われる。

仕事に根をつめて過労死でもすれば、社長が葬式で「君は会社のため粉骨砕身して遂に名誉の戦死をとげた。まさに企業戦士として全社員の鑑である」といった弔辞を平然と述べている。それならば、悲しみに暮れる遺族は戦死者を出した「名誉の家」ということになるが、どこかまちがっているのではないだろうか。

作要の綱領の頭に、「軍ノ主トスル所ハ戦闘ニアリ 故ニ百事皆戦闘ヲ以テ基準トスベシ 戦闘一般ノ目的ハ敵ヲ圧倒殲滅シテ迅速ニ戦捷ヲ獲得スルニアリ」とあるが、これが「会社ノ主トスル所ハ利益ニアリ 故ニ百事皆利益ヲ以テ基準トスベシ 商売一般ノ目的ハ客ヲ圧倒シ迅速ニ売上ヲ獲得スルニアリ」とでもいうのだろうか。（陸）（↓軍人勅諭4・典範令4）

自分【じぶん】 兵隊が入隊して軍服に着替えると、まず言葉から兵隊言葉に直される。その第一が一人称単数の代名詞で、おれ・ぼく・わたし・わて・わい・おのれなどすべてダメで〝自分〟に統一される。明治陸軍は長州閥だったから山口弁かと思うと、長州出身の維新の志士たちは当時ハイカラな君、僕などと呼び合っている。一方の海軍では〝私（わたくし）〟と教育され、「自分」は野暮な**陸式**と見られる。

最近でも自分を使う若者もいるが、新入社員用のマニュアルを見ると、〝自分というと昔の軍人のようだから使わないこと〟などと書いてある。

〝自分が自分のことを自分といってどこが悪い〟と苦情がきそうだ。（陸）（↓陸式下8）

章持ち【しょうもち】 部隊に配属されたあとも、さらに腕に磨きをかけさせるために学校に行かせる制度が陸海軍ともにあり、陸軍では**歩兵学校**や戦車学校といった実施学校で将校には指揮能力を下士官には特技を養成したが、海軍の学校教育はもっと幅広いものであった。

もともと艦艇や航空機はメカニズムの結晶であるから、海軍はいわばエンジニア一家でもあった。

海軍兵をまず教育するのは新兵のための海兵団だが、ここは基礎的な初年兵教育だけ。あとは艦隊勤務の厳しい訓練の中での実習のくり返しが日常教育となる。

これでは腕は上がってもいつまでも原理・原則はわからず、新兵器ができても応用が利かないから、素質のよい下士官・兵を選んで機関学校・水雷学校・練習航空隊といった学校に行かせ改めて基礎学力と実技を学ばせる。陸軍と違うのは兵隊でも学校に行ける点で、海軍の技術重視の表われといえよう。

この勉強期間を終わって原隊のフネや部隊に帰るが、出たときと違って左の腕に特技章という学校出のシンボル・マークをつけて胸を張って戻ってくる。これがこの章持ちである。

明治・大正のころは、海軍の下士官・兵の階級章や善行章は左の腕に、この特技章は右の腕につけていたが、これでは左側通行の日本では行き交う相手の階級が見えず、欠礼からトラブルも起こるので、階級章は右に特技章は左に変わった。

学校ごとにこのマークの呼び名とデザインは異なり、砲術学校を出れば大砲をデザインした「砲術練習生卒業章」、衛生学校を出れば包帯のデザインの「看護術章」など、なかなか凝っている。

同じ学校出にも高等科と普通科があり、高等科のマークをつけた章持ち下士官などは、士官が一目も二目もおくベテランとなる。

競争者の多い隊内から選ばれ、学歴といえば尋常小学校や高等小学校出といった下級兵が章持ちとなった喜びは大変なもので、まわりによく見えるように左腕を突っぱって歩き、ホヤホヤの学校出であることが一目瞭然であった。また章持ちは、俗に**マーク持ち**とも呼ばれた。(海)

ショート・サーキット

海軍士官を教育する躾(しつけ)の中に「ショート・サーキットを慎め」という戒めの言葉がある。SHORT CIRCUIT はもともと電気の専門用語で、電気回路が途中で短絡して漏電することだが、家庭のなかでも奥さんが「あら、ショートして洗濯機が止まっちゃったわ」などと使っている。

陸軍で命令したり指示する系統が、中隊長→小隊長→分隊長→兵隊とあるように、海軍の系統も、分隊長→分隊士→先任下士官→兵隊と流れが決まっている。会社になおせば、部長→課長→係長→社員というところだろう。この系統の間をとばして、分隊長が分隊士を抜かして先任下士官に直接指示を与えたり、逆に先任下士が若い分隊士を無視して分隊長に直接報告したりするのが短絡、つまりショート・サーキットである。

時間が切羽詰まっていたり、分隊士が不馴(ふな)れでモタモタしたり、ときには単純に面倒がってこのショート・サーキットをすれば、省略された中間管理職は面子が丸つぶれでおもしろくなく、やがては組織の崩壊につながりかねない。

分隊長が間をとばして兵隊に直接指示したり、兵隊が直訴したりすればなおさらのことである。組織の厳正を守るために、徳川時代でも殿様（領主）をとばして将軍に直訴した義民・佐倉惣五郎は一家眷属（けんぞく）はりつけになったし、明治に入ってからも天皇への直訴は請願令できびしく禁じられていた。

アメリカの大統領は市民からの手紙に返事を書いたりしてニュースになるが、これは直接選挙のための人気とりで、ルールからいえば十段階もスッとばした大ショート・サーキットであろう。

〝だが〟と、戦艦「長門」の分隊長や海軍兵学校の教官を務めた元海軍少佐の上村嵐氏は説明を加えている。ショート・サーキットは確かに慎まなければならないが、仕事を能率的に手っとり早く処理したいときには、直接、先任下士官に命じたほうがよい結果をもたらすことがある。ただし、そんなときでもかならず事後には分隊士によく説明して了解を求めることが絶対に必要であるという。

陸軍の教範のなかにも「独断専行はいけない。ただし絶対にいけないとはいえず、適宜、独断専行を断行する機敏さ、大胆さは必要」とあるのと同じであろう。このごろは父親より母親のほうが実力者となり、胴元である亭主に無断で子供たちに車やピアノを買うショート・サーキットが横行しているが、女房に海軍精神が足りないせいだろうか。（海）

（→五分前精神4）

振天府【しんてんふ】 一五世紀のなかば、太田道灌が築いた「江戸城」は徳川一五代の「千代田城」となり、明治維新で「東京城」、天皇が京都から移ると「皇城」、のち「宮城」となり、現在では「皇居」と五たび名を変えている。宮城の歴史はまさに大日本帝国の歴史と一体で、明治二（一八六九）年に始まり昭和二〇（一九四五）年に終わっている。

初代の主の明治天皇は、自ら御親兵の調練の指揮を執るかたわら一〇万首の短歌を残すような文武両道の「皇帝」で、**西南戦争・日清戦争・日露戦争**などの陣頭指揮もした。戦時中は賢所に戦争の勝利と出征将兵の武運長久を祈願したが、日清戦争が勝利をおさめるとその記念館を宮城内の紅葉山の林内に建てた。これが明治二九（一八九六）年一〇月に新築された「振天府」である。

戦いに勝って次つぎに凱旋してきた将兵たちは、天皇に戦勝報告を上奏する際に多くの戦利品を献上した。黄竜の軍旗あり、敵将の鞍・剣・銃、あるいは宝物類が山をなした。このとき天皇は、「これらの献上物には貴い物はないが、皆私の将士が血を流し屍に枕して得たものである。これを後世に残さなければならない。自分の子孫たちもこれを見て、いつまでも清国と戦った忠義な将士を知ってほしい」という趣旨で、この記念館を建てさせた。

木造平屋の建物で陳列された戦利品のほか、戦争で倒れた将兵の武勲を称え、追悼するために壁には将校以上の戦死者の写真の額を掲げ、棚には下士官兵の戦死者の階級・氏名を残した数十巻の帙(ちつ)や巻物が積まれていた。明治天皇の個人的な心情に基づく記念館であり、筑波大学の大浜徹也元教授によれば、「戦争を追体験せんとの意思のあらわれにほかならない」建物ということになる。

記念館・博物館というよりも魂を祀る神社に近いが、やがて次つぎと起きる戦争や事変とともに同じ趣旨で、

明治三四（一九〇一）年、北清事変を記念する「**懐遠府**(かいえんふ)」
明治四三（一九一〇）年、日露戦争を記念する「**建安府**(けんあんふ)」
大正三（一九一四）年、第一次世界大戦・日独戦争を記念する「**惇明府**(じゅんめいふ)」
昭和六（一九三一）年、満州事変を記念する「**顕忠府**(けんちゅうふ)」

など四府が建てられていった。そのあとの太平洋戦争は無残な敗戦に終わったため、皇居にはそれを記念する建物はない。

「振天府」、「懐遠府」、「建安府」を明治時代には**宮中三府**と称した（のちに五つを総称して**宮中五府**といった）が、平和時にも明治天皇はしばしばこの三府に足を運んだばかりでなく、皇太子（のちの大正天皇）をはじめ皇族の子弟、宮中に参内する文武官に拝観を命じた。

紅葉山・吹上御苑の奥深く一般が立ち入れない禁苑だったが、明治天皇はとくに高等師範と女子高等師範の生徒らには拝観を許した。これは、高師・女高師の生徒はやがて中学校や女学校の先生になり、まもなく明治も終わる日のくることを予見した天皇が、未来に託した願いでもあったのであろう。

やがて明治が終わり、大正・昭和に代が変わると、その後の戦利品や戦死者名簿は、九段の靖國神社の「遊就館（ゆうしゅうかん）」「国防館」（現在靖國会館）、原宿の「海軍館」（現在セコム本社ビル）、江田島の海軍兵学校の「教育参考館」（現在海上自衛隊第一術科学校内）などに分散陳列されて一般公開となったため、この明治帝の宮中三府は、その後ごく限られた者しかその存在を知らなかった。大日本帝国の上昇期における明治天皇のこの強い思い入れのあと、大正天皇・昭和天皇が振天府をはじめとするこの宮中の五府に何回足を運ばれたかは関知しえない。

昭和二〇（一九四五）年五月二四日、アメリカB29爆撃機による第二次東京夜間大空襲で宮城付近は焼夷弾の雨を浴びた。禁闕（きんけつ）警備の近衛兵たちの必死の消火活動にもかかわらず、豪華をきわめた明治宮殿は炎上したが、遠くはなれた五府はかろうじて消失を免れた。

戦前から宮城内は準要塞扱いで詳しい地図もなく、また五府の建物や内部の写真も見たこともない。ただそれを窺（うかが）うことのできるのは、渋谷の明治神宮外苑にある「聖徳記念絵画館」に飾られた川村清雄画伯の一枚の絵「振天府」だけであり、カッコをつけて「戦利品記念館」とある。（共）　（→陸軍始め1）

須知【すうち】　兵隊は典範令や取扱書・規定などのマニュアルで教育されるが、その量は膨大で何冊も持ち歩きできず、なかには必要のない部分もある。

そこで、それぞれの本から大事な部分をピックアップして、一冊にまとめた簡易ポケットブックがつくり出される。

兵隊にもわかるような解説やカラーの図版などもついている便利なもので、正規の兵書ではなく私製の参考書といえよう。『歩兵須知』『憲兵須知』というふうに分かれ、なかには『分隊長須知』『下士官須知』といった種類もある。

須知は、〝須（すべから）く（＝当然）知るべし〟つまりスチなのだが、言いにくいのでスウチとする。

兵隊には語源や正しい発音などに頓着せず、使いやすいように読み換えてしまう癖がある。（→典範令[4]）

（共）

出船の精神【でふねのせいしん】 船を港に着けることが入船、港から出港するのが出船で、ただの一般名詞だが〝出船の精神〟となると海軍軍人・船乗りの心構えとなる。

帰ってきた船を港に着けるにはそのまま直進して岸壁に着けるのが一番手っとり早いが、こんなことをするのはアマチュアのヨット乗りぐらいで、プロの船乗りは、岸壁近くで一八〇度反転し、ソロソロと後進をかけてゆっくりと接岸する。

混み入った港のなかでの操艦は難しく時間もかかって、長い航海から急ぎ足（ホームスピード）で帰ってきた乗組員にはジリジリする一瞬だが、この姿勢をとらないと入港作業は完了しない。

いうまでもなく、戦闘や訓練、災害救助で出港するときに素早く港を出られるためである。出船の精神は、船乗りだけでなく、明日の予習をする学生から、次の仕事の準備をして家に帰るサラリーマンまですべてに共通していえる。

車の車庫入れでバックで入れるには苦労するが、頭から入れると車庫出しに時間がかかり視界も悪くて事故の元になる。尻を見せている車の主はこの出船の精神を教わらなかったのであろう。

人の家を訪問して、靴や草履(ぞうり)を出船の形に直すお嬢さんも少なくなったが、こんな躾(しつけ)されたお嬢さんには「よい縁談でもさがしてあげようか」という気にもなってくる。(海)

典範令【てんぱんれい】　陸軍の使ったマニュアルやハンドブックの操典・教範・諸令典の下の字を集めた略字。重要度からいえば制定者が天皇・陸軍大臣・陸軍次官の順位で、操典・諸令・教範、略してテンレイハンが正しいが、語呂がいいためか兵隊仲間ではテンパンレイで通っている。

操典は各兵科の基本訓練や戦闘法を定めたもので、『歩兵操典』などがあり、諸令は各隊に共通するルール集で、戦闘のための『作戦要務令』、兵営内のきまりを定めた『軍隊内務令』、敬礼の仕方などを決めた『陸軍礼式令』などがこれにあたる。

また教範は、各個人の戦闘技術を教えるテクニカルブックで、『射撃教範』や『鉄道教範』などがある。

これはいずれも大づかみの枠だから、これを補うためにさらに細かい教科書・参考書がある。

それぞれの兵器の使い方を教える**取扱書・使用法**、教範類を補う「対空戦闘ノ参考」などの**参考**、各科の教育や照準の標準を定めた**規定**、陸軍の教育の総元締から発せられる**訓令**などさまざまある。

陸軍のはじまりには、これら基本的な教科書はすべて手本としたフランス陸軍の原書を使い〝気をつけ〟の号令も〝アタンション〟とフランス語でかける。

フランス語を苦心して翻訳し、日本語版にしたのが明治五（一八七二）年、さらに普仏戦争でドイツ陸軍が勝ったためにフランス式をドイツ式に切り換えて『歩兵操典』をつくったのが明治二五（一八九二）年、すべての典範令が日本式に統一されたのは、ロシア陸軍に辛勝して自信がついた日露戦争のあとのことであった。

軍隊は官庁、軍人は役人であるから平時は規則づくめで典範令を丸暗記するのが出世の早道だから、下士官や将校を目指してねじり鉢巻きで昇進のための勉強をするさまは、試験地獄の現在と少しも変わっていない。

陸軍省から次々と出される軍令や次官通達とともに、これら典範令のすべてをつづって加除差し替え式の一冊にまとめた、陸軍のバイブルともいえる大冊に『**陸軍成規類聚**（せいきるいしゅう）』という本がある。

兵隊から叩き上げて軍隊で三〇年も暮らし、将校で最下級でも兵隊では最上級のため「**兵**

隊元帥」といわれていた准尉やその前身だった特務曹長などは、こういった規則・規定をマスターして「歩くテンパンレイ」「喋るセイキルイシュウ」などの綽名を頂戴している（少佐を兵隊元帥と呼んだ説もある）。

時代が刻々と変わって戦術・戦法が変化し新兵器が登場してくると、制度・組織も変わり典範令も次々と新しく改正される。

簡単に変えては都合の悪いことも出てくるからまず改正案をつくり、たとえば『歩兵操典』ならば改正案を、平時には歩兵学校で試験的に実施し、戦時には第一線の部隊に実戦でやらせてみたりする。命がけの実験である。これらの改正案を草案というが、正式決定にいたらずに終戦を迎えた草案類も多かった。

これらの典範令の編纂は陸軍であったが、その印刷・製本・販売はなんと陸軍自身ではなく、軍人の親睦機関であった軍人会館の出版部や兵書屋と俗にいわれた民間の印刷所・出版社であった。

国民皆兵が国是であったから、軍人でない一般市民の軍事知識の向上こそ軍の歓迎するところで、軍機以外の典範令は町の本屋で手軽に買え、出征・入営前の若者たちは軍服のポケットに入る文庫判のこれを買って予習に余念がなかった。

現在の自衛隊の教範類は自衛官以外の者が手に入れるのは難しく、武器や弾薬に関する教範が一冊でもなくなれば大騒ぎをする。

国民皆兵など滅相もないことだからであろう。（陸）

（→軍機1・須知4）

独断専行【どくだんせんこう】

自分の判断だけで、思うままに事を行なうこと。「あいつは独断的だ」と非難めいて使われ、会社などでも「あの男は、上の許しも得ないで勝手に走り回ってチームワークをこわす独断専行の悪い奴だ」ということになる。

軍紀が最優先する組織体の軍隊ではなおのこと、命令に従わない独断専行を戒めていると思われるが、実はその反対であった。

戦闘のルールブックである『**作戦要務令**』の総論である綱領の第五に次のように述べられている。

「第五　凡ソ兵戦ノ事タル独断ヲ要スルモノ頗ル多シ　而シテ独断ハ其ノ精神ニ於テハ決シテ服従ト相反スルモノニアラズ　常ニ上官ノ意図ヲ明察シ　大局ヲ判断シテ　状況ノ変化ニ応ジ自ラ其ノ目的ヲ達シ得ベキ最良ノ方法ヲ選ビ　以テ機先を制セザルベカラズ」

長期政権で動脈硬化した政党や、高度成長の果てに管理社会化した大会社よりも勝敗・生死にかかわるだけに、軍隊のほうがフレキシビリティがある。

これの説明として、

「上官の命を受けて任務についたあと、状況が変化して命令に価値がないか、かえって味方が不利になることがある。

改めて命令を受ける暇がないときには、軍人は上官の命令の不足を補う処理をほどこさなければならない。これは服従を度外視したものではなく、自ら独立して事を解決し、全責任を負って勝利に導く大方針こそ、実に戦場において最も大切な独断専行である」と詳しく書いてある。

「極めて積極的な攻撃精神なり」と推奨しているが、最後に「ただ戒むべきは、みだりにこれを使用せざるにあり」と釘を刺すのも忘れない。

昭和一六（一九四一）年、開戦劈頭（へきとう）の一二月九日、第二十三軍は、約二個師団の兵力で香港を攻撃した。

香港要塞はシンガポールとともに大英帝国が営々と築いてきた大要塞で、敵は半年は守ってみせると称し、日本軍も一か月の苦戦を見込んで、内地から二四センチ榴弾砲（りゅうだんぽう）、一五センチ加農砲（カノンほう）など百門の重砲連隊を送って大砲撃戦の作戦計画を立てていた。

ところが、この夜、敵状偵察に向かった歩兵第二二八連隊の先兵隊長の若林東一という中尉が、敵の戦線に大きなスキがあるのを発見――わずか手勢五〇人でそこに突っ込んでいった。

偵察を任務とする小隊が無断で攻撃に転じたことは、明らかに軍律違反であり独断専行であったが、油断して虚を突かれた敵陣は富士川の平家のように総崩れとなった。

この戦機を見逃さず、大隊があとに続き、連隊から師団と全面攻撃になった。三日目には九竜半島を占領し、香港全域はわずか一七日目、クリスマスの日に陥落してしまった。用意万端整えながら出番を失った砲兵隊の中将が若林中尉の独断専行を大いに怒ったというが後の祭り。

戦闘終了後、若林中尉は軍司令官からの感状を二度もらい、大尉に昇進する。その翌年の秋には、ソロモン諸島ガダルカナル島の第一線に参加し、最前線で「あとに続くを信ず」の遺言を残して戦病死した。

補給が絶たれて飢え苦しんだが、このときは独断専行で撤退することはせず、命令のままに陣地を固守して飢えて死んだ。（共）

（↓作要4）

特幹【とっかん】

陸軍特別幹部候補生の略。これにはまず**幹部候補生**の説明が必要であろう。幹候は今でも自衛隊に生きていて、陸海空の幹部候補生学校が久留米・江田島・奈良にあり、民間でも新入社員が「君たちはわが社の幹部候補生だ」とおだてられている。

平時には将校には定員があり、士官学校出の少数精鋭でいっているが、いざ開戦となると軍隊はふくれ上がり、戦死者が続出してたちまち人員不足となる。とくに中隊長・小隊長、それに下士官の分隊長といった下級幹部の不足は慢性的にすらなった。

それに対応する制度が幹候制度で、身分的には予備役将校だから戦争が終われば、また元の学校や職場に戻るアマチュア将校である。

二〇歳の現役二等兵で入隊し、三か月たつと資格者はこの幹部試験が受けられる。

受験資格は、旧制中学卒業以上、または在校中、軍事教練修了認定者で、成績によって、

甲種幹部候補生（将校）と**乙種幹部候補生**（下士官）に分かれる。

この受験はたてまえは自由意志だが、人材不足の戦局となると半強制的となり、いやいや白紙の答案を出しても合格するという形式だけのものとなる。手を抜いて甲幹に落ちても、結局乙幹に回されたりして逃げ場がなかった。

戦争もクライマックスを迎えるころ、陸軍の人手不足はますますひどく、ことに航空兵と海上輸送を担当する**船舶工兵**のそれがきわ立ってきた。

陸軍には、前から中学三年から受験できる**少年飛行兵**や**少年船舶兵**の制度があり、若い下士官を養成していたが、人事面では海軍のほうが一歩先んじていて、予科練制度でどんどん優秀な少年たちを青田刈りしてしまう。二〇歳からの幹候制度ではもはや手遅れであった。

そこで昭和一八（一九四三）年に遅ればせながら考え出されたのが、この特幹の制度である。

その一期生は翌一九年の四月に採用された中学二年一四歳の少年たちで、兵科は航空・船舶のほか通信・**兵技**（兵器技術）・**航技**（航空エンジニア）の五種があった。

ここまでは従来の少年兵や予科練と同じだが、この制度の目玉で少年たちの胸をおどらせたのは、目ざましい昇進スピードと将校への道も開かれている点であった。

採用と同時に二等兵をとび越して一等兵になり、六か月ごとに昇進して一年半後には伍長または軍曹、二年後には准尉に選抜される。

准尉は将校ではないが、軍刀姿は将校そのままだから、平時では三〇歳を過ぎなければなれない尉官に、わずか一七歳半でなれるという異例の出世コースであった。
陸士を出た正規将校でも、少尉の任官は二一歳、甲種・乙種の幹候出で二二、三歳、自分より年下はなく隊内の年長者のほとんどが階級では下となるのだから、まさにスター誕生であり、少年たちが胸おどらせたのもむりはない。
当時、陸軍も宣伝上手の海軍に習って募集用の勇ましい『特幹の歌』をつくり、ラジオで流してあおりにかかった。

〽翼輝く日の丸に　燃える闘魂眼にも見よ
　今日もさからう雲切れば
　風も静まる太刀洗　ああ特幹の太刀洗
　（清水かつら作詞・佐々木俊一作曲）

太刀洗(たちあらい)は彼らを訓練した九州の太刀洗陸軍飛行学校のことである。
こうして希望に満ちて採用された特幹生は、終戦までの一年半に一万人にのぼり、なかには甲種幹部候補生に移って少尉に任官した者もいた。
やがて特幹兵は、一等兵、上等兵から兵長に進み、兵営内の年輩の古参一等兵や上等兵の上に立つことになるが、これは建て前で兵隊仲間には「めんこの数（飯の数＝経験年数）」の不文律が厳然としてあり、四年兵・五年兵である上等兵が上級の兵長の特幹生にびんたを食らわせる風景もよく見られた。万事、管理社会となった今の日本に、こんな少年たちの胸をおどらせた特幹の制度があっても悪くはない。（陸）
（→陸士4・海兵4）

軍学校は陸軍歩兵学校とか海軍機関学校とか、その名前からどの兵科に何の術科を教える学校か、だいたいわかるようになっている。

同じような学校がいくつもあるときには、大阪陸軍幼年学校とか賀茂海軍衛生学校とか所在地の地名をつけて他と判別する。

同じ場所に複数である場合には、横須賀第一海兵団・第二海兵団というように数字をつける。

その中でこの陸軍中野学校と千葉にあった陸軍習志野学校は地名だけの名前で、誰に何を教える学校なのかわからず、これだけでも秘密めいている。結論からいえば、中野学校は諜報（スパイ活動）技術を教える養成所であり、習志野学校は化学戦（毒ガスなど）を訓練する学校である。

諜報活動は絶対に表に出せない秘密戦であり、毒ガスは各国軍とも開発や研究に大わらわであったが、建て前上は国際法のハーグ陸戦条約で禁止された兵器・戦法であっていずれも当時、秘密のベールに深く包まれた存在であった。他の学校がそれぞれ陸軍省や教育総監部に属していたのに対して、この二つの学校だけは戦略の総元締である参謀総長の直属であったことでも、その重要性と秘密性がわかる。

中野学校【なかのがっこう】

陸軍中野学校は昭和一三（一九三八）年一月に、「後方勤務要員養成所」という何か得体のしれない名前で発足し、のち東京・中野に移転して中野学校となった。次々に建てられた分校を「陸軍通信研究所」、「軍事調査部」、「東部三十三部隊」など同じように得体がしれない名がつけられた。

おもに甲幹出身の予備将校を中心にした二二六三名の卒業生は、アジア各地のほとんど全戦域に分散配置され、当の陸軍当局すら想像しなかった活躍を展開する。

フィリピン・ルバング島で残置諜者（被占領地でのスパイ）となり、終戦を知りながらも一度出された命令に忠実に、一九年間もたった一人の戦争を続けた小野田寛郎少尉もその一人である。戦死者は一割強の二八九人で、けっして少ない数ではない。

一方の習志野学校は、それより早く昭和八（一九三三）年に創設され、第一次世界大戦で猛威を振るった毒ガスの研究、ついで開発、戦闘法、防毒・防疫など化学戦担当の学校となる。

毒ガス弾は迫撃砲で発射するので表向きは迫撃砲訓練の学校となり、中野学校と合わせてその実体は極秘中の極秘、陸軍部内でも知る者は限られていた。

最初のうちは幹部養成の実施学校であったが、やがて全軍から化学戦要員を集めて教育する補充学校となったため、この学校の門をくぐった将校は中野学校よりはるかに多く、その正確な数はわかっていない。

正規戦の陰にかくれた秘密諜報戦といい、国際法で禁止された化学戦といい、いずれも暗い過去を背負っており、終戦後戦争犯罪人追及の手も憲兵についで真っ先に伸びてきた。

関東軍などでは、中野出身者は一括してシベリアに連れて行かれ、戻った人は少ない。戦後何回かの戦記ブームで、しだいにその一端が明るみに出たあとも、関係者の口は固くひそかに身内だけの会合をつづけている。

その学校史がつくられたのも中野学校史が昭和五三（一九七八）年、習志野学校史は戦後四〇年もたった昭和六三（一九八八）年のことで、いずれも少部数が印刷され関係者だけに配られて一般に入手することは困難である。（陸）（→憲兵2・特幹4）

習志野学校【ならしのがっこう】　はるか以前、陸軍習志野学校の出身者と聞いていた元将校に、つねづね疑問だったことをたずねてみた。「何を教える学校でしたか？」の質問に答えは「……」と無言であった。あるいは声が小さくて聞こえなかったかと、もう一度同じことを聞いたが、やはり笑って「……」無言だった。

そのときはそのままに家に帰って、昭和一八（一九四三）年に軍人会館図書部が編纂した『陸海軍軍事年鑑』で調べてみると、「陸軍習志野学校＝瓦斯（ガス）防護に関する教育研究を行う所とす。学生は各兵科（憲兵科を除く）将校を以て之に充（あ）つ。なお幹部候補生の教育を行う」とあり、ははァと納得した。彼は話したくなかったのである。

第一次世界大戦の二年目、ドイツ軍が秘密裏に開発した毒ガスを、フランス・ベルギー国境のイープルの陣地戦で初めて使用し、ついでイタリア・オーストリア国境のカポレット山岳戦に使って、一発の弾丸も撃たず一兵も損せずに敵陣を占領した。

戦術的にははなはだ有効な新兵器ではあったが、攻撃された側の状況は目をおおわしむるような惨状だった。そのため大戦後、各国は毒ガスを使用しない内約を結び、ついでジュネーブでの軍縮会議でその禁止を決定した。しかし、現在の核兵器の使用と同じく各国とも表面的にはこの条約を順守し、内実は敵の毒ガス使用を前提として、はじめはその防御法を、ついでガス兵器の開発や攻撃法を秘密裏に研究していたのも公然たる事実であった。

元将校の沈黙は、戦前ならば軍の機密を守るため、終戦直後なら戦争犯罪人の追及を免かれるため、その後は世論の批判から仲間を守るための一貫した姿勢だった。

敵味方とも公式の太平洋戦争史には、ガス兵器を使用した実戦例は出ていないが、まだ軍の機密を隠していられる戦勝国に対して敗戦国日本は国際的告発の矢面に立たされ、満州（現中国東北部）で細菌戦を扱った**石井部隊**（満州七三一部隊）、同じ満州に残され今なお住民に被害をもたらしている多量のガス弾の事実、広島県大久野島のイペリット、ホスゲンなどのガス弾を作った製造工場の全貌など明るみに出ている。

昭和四〇年頃、砲兵沿革史刊行会で出された『砲兵沿革史』の第四巻別冊は中国戦線での**特種弾**（ガス弾）の使用に関するもので、ごく限られた部内にしか配布されず「此の刊行物は子孫に残さず刊行会に返納して下さい」という特記までついている。

こうして陸軍習志野学校の実体は、諜報要員（スパイ）を養成した**陸軍中野学校**（昭和一三年設立、軍事年鑑には何の記載もない）とともに長いあいだ謎となっていたが、時間の流れはさまざまの思惑を浄化して、戦後四二年をへた昭和六二（一九八七）年に有志の手で集大成された『陸軍習志野学校』という大冊になって世に出た。

この学校は、ガス弾を発射する兵器としての迫撃砲も合わせて研究していたので、それに関する記述もあるが、大半は化学戦の研究、ガス兵器とガスマスクなどの防毒被服の開発、攻撃法と防御法の訓練、本部の化兵（化学兵器）監部と化学戦部隊の説明などが詳述されている。

学校史なので、記述は時間をおって、

第一編　旧陸軍における化学戦研究の胎動（大正四年～昭和八年）

第二編　陸軍習志野学校のあゆみ（昭和八年～同二〇年）

第三編　習志野等の思い出と変遷

第四編　化学兵器及び化学戦の現状と将来年表

付録　迫撃隊略記

となっている。

正式に習志野学校の創設されたのは昭和八（一九三三）年八月、終焉は全軍と同じ昭和二〇（一九四五）年の同じ八月で、歴史の長い歩兵学校や騎兵学校にくらべてわずか一二年の短い命であった（中野学校はより短い七年）。

現在、陸上自衛隊では各地の師団に科学防護隊が、また埼玉県の大宮駐屯地に化学学校・

化学教導隊があり、ＡＢＣ（核・細菌・化学）戦の研究をしているが、厳然たる日本国憲法の制約と国際条約の下で専ら防護・防疫の研究に徹しており、装輪の化学防護車や除染車、ガス検知器など最新の防護・防疫装備を有している。

千葉県の陸上自衛隊習志野駐屯地近くにあった習志野学校の跡はいま、一〇分の一程度が習志野の森として残っており、他は東邦大学理学部や市営・県営住宅になっている。また民家七戸を立ち退かせて無人島にしたあと建てられた元芸予要塞の砲台でもあった大久野島のガス工場「東京第二陸軍造兵廠火工廠忠海海兵器製造所」もシーズンには家族づれで賑わう国民休暇村に変貌して昔日の面影はさらにない。

ただ島の一角に建てられた「大久野島毒ガス資料館」と、ガス兵器製造の犠牲者を供養するガス障害死没者慰霊碑が往時を偲ばせるだけである。（陸）（↓中野学校4）

配属将校【はいぞくしょうこう】

一般の大学や高等専門学校・中学校などの男子校に陸軍省から派遣された将校で、正課としての**軍事教練**を教えたが、この制度には裏がある。

大正一四（一九二五）年に清浦内閣の陸軍大臣となった宇垣一成大将は、軍部の猛反対を押さえて大規模な軍備縮小を行なった。

世に「**宇垣軍縮**」で知られるこの大改革によって職を失った将校は陸軍で二五〇〇人、海軍で九一六人にものぼった。下士官はもともとが徴兵で、軍隊から離れれば故郷に帰って畑でも耕していたが、一生の天職として軍人を選んだ将校たちは、やがて生活に苦しむようになった。

教師や警察官に転進できた者はよいほうで、なかには行商や浮浪者、一家心中をする将校も出てきた。関ヶ原の合戦後や明治維新後と同じで浪人の出現である。幕府時代と違って「天皇の軍人」が生活に困るようでは軍の威信にも士気にもかかわり、しだいに社会問題にもなってくる。

この宇垣軍縮に伴って、「現役将校配属令」が出されて、各学校に現役将校を派遣し、学生に軍事教練を教えることになった。

軍人を失職から救ったうえに、有事には下級幹部となる学生たちに、日頃から軍事訓練を施そうとする狙いは、まさに一石二鳥の効果あるものだった。

満州事変から、次第に雲行きがあやしくなってきた昭和一一（一九三六）年、皇道派グループの指導者であり、熱心な軍国主義者の陸軍中将・荒木貞夫が文部大臣となると、学科や体育に並んで学校の教練も任意課目から正課となり軍国化に拍車がかかってきた。

最初は階級が、大学は大佐、高専は大中佐、中学などは少佐・大尉などが相場だったが、次第に軍拡に伴い将校の数が不足してくると、ランクは落ちていった。ちなみに、筆者の在学した府立中学の配属将校は、かなり年輩の准尉さんであった。

戦前には教練をボイコットする（さぼる）学生もいたが、やがて日中戦争に入ると、これらの配属将校にも召集令状がきて出征し、しだいに学校内での発言力も強くなってくる。

教練の成績は記録に残されて、点がよければ**幹部候補生**に推薦されて将校や下士官となり、ボイコットしたり成績が悪いと、大学を出ても兵隊から上がれず苦い目にあった。これら配属将校は、終戦とともに二度目の失業を味わうことになる。（陸）

武窓【ぶそう】　初期は「武学校」と呼ばれた陸軍の軍学校は数多くあり、気取って武窓となり、〝我等（われら）武窓で学んだ強者（つわもの）は……〟などと演説をぶったりした。

これらの武窓には、将校・下士官を養成する「**補充学校**」と、すでに任官している将校・下士官の技術や学識にさらに磨きをかける「**実施学校**」の二種があり、兵隊のクラスは兵営そのものの毎日が教育だから学校はない。

補充学校は参謀を養成する**陸軍大学**をはじめ、**士官学校**・**航空士官学校**・**予科士官学校**・**幼年学校**・**憲兵学校**・**飛行学校**などがそれであり、実施学校は**歩兵学校**・**騎兵学校**、その他の術科学校などであった。

とくに武窓気分が盛んだったのは現役将校をつくる士官学校や幼年学校で、それぞれ歴史と土地に合わせて「相武台」「振武台」「建武台」「練武台」などの別称をつけて誇りとした。

神奈川県相模原にあった陸軍士官学校の跡地はアメリカ軍のキャンプ・ザマ（座間）となり、昔日の面影もないが、小田急線の駅にかつての「相武台前」の名称がいまも残されている。（共）　（→陸士4・海兵4）

不動の姿勢【ふどうのしせい】

自衛隊の教範にも徒手の動作に不動の姿勢があるが、表現が今どきでないと考えてかカッコつきで「気を付けの姿勢」となっている。

学校教練でも軍隊でもまず第一に教えたのがこの姿勢。ただ立っているだけだから昔も今もそう変わるものではないが、これを解除する「休めの姿勢」となると国ごとにさまざまに違ってくる。

昭和二五（一九五〇）年に自衛隊の前身となる警察予備隊が生まれたころは、日本軍の教範はいっさい無視してアメリカ式の教練を行ない、部隊敬礼で旧軍の「かしら右」に当たる米軍のEYES RIGHTを「まなこ右」などと直訳して笑い話に残るなど混乱した。

やはりこれでは具合が悪く、その後旧軍教範を言い換えて復活させたり米式を無理のないように取り入れて現在に至っている。

参考のため日本軍の『**歩兵操典**』と自衛隊の『新入隊員必携』とを並べて読んでみよう（片仮名は『操典』、平仮名は『必携』）。

不動ノ姿勢ハ軍人基本ノ姿勢ナリ（不動の姿勢は隊員基本の姿勢で）故ニ常ニ軍人精神内ニ充溢シ（端正にして、しかも気勢が充実し）外厳粛端正（げんしゅくたんせい）ナラザルベカラズ（いかなる号令にも直ちに応じられるものでなければならない）

275　不動の姿勢

両踵ヲ一線上ニ揃ヘテ著ケ両足ハ約六十度ニ開キテ斉シク外ニ向ケ（両かかとをつけて同一線上にそろえ、つま先を約60度に等しく開き）両膝ハ凝ラズシテ伸バシ（ひざは固くしないでまっすぐに伸ばし）上体ヲ正シク腰ノ上ニ落著ケ背ヲ伸バシ少シク前ニ傾ケ両肩ヲヤヤ後ロニ引キ一様ニ下ゲ（体重をかかとと足の親指の付根のふくらみに平均にかけ、上体を腰の上に落ちつけ、胸を張り両肩をやや後に引き一様に下げる）

両臂ヲ自然ニ垂レ掌ヲ股ニ接ス　指ハ軽ク伸バシテ並ベ中指ヲ概ネ袴ノ縫目ニ当テ（腕は垂直にたれ、手の甲を外にし、親指を人さし指と中指の上にして、4指の先が手のひらに触れるように軽く握り、手首を軽く体に接する）

頸及頭ヲ真直ニ保チ口ヲ閉ヂ眼ヲ正シク開キ前方ヲ直視ス（頭と首をまっすぐに保ち、口を閉じ、両眼は正しく開いて前方を直視し目を動かさない）

こう並べて見ると姿勢としては両手を伸ばすか握るかの違いで、あとは大差なく操典の現代口語訳であろう。前文の出だしから同じトーンだが「軍人精神」は使うわけにはいかない。号令の「気ヲ著ケ」が「気を付け」になったのは国語審議会の問題だが、自衛隊の必携にはつづいて女性自衛官の姿勢としてショルダーバックの吊り方などがあり、たいへんな相違である。

この不動の姿勢は若い隊員たちがリラックスした生活に馴れているためか、あるいは〝軍人精神内ニ充溢シ〟ていないためか、儀式などが長くつづくと貧血で倒れる者も出てくる。

（共）　（→典範令4）

匍匐【ほふく】 匍はほまたはふで、伏して腹這うこと。匐はほくまたはふくで意味は同じだが、二字を重ねるとほふくとなって、這うこと、地に伏して手と足で這うこととある（広辞林）。

こんなに字画が多いうえに使用頻度の少ない字は常用漢字に入れるわけはなく、このごろは歩伏の字を当てているが、歩は二本の足で歩くことだから、苦しい当て字でしかない。

昔は天子に立ったまま近づくことは礼儀に反したので上体を伸ばしたまま膝で歩く跪礼の風習があったが、匍匐はさらに上体を低めた礼法の一つでもあった。

敵弾の飛び来るなかを銃を持って敵陣にはい寄る「匍匐前進」は不動の姿勢や立ち射ち、寝射ちなどとともに兵隊、とくに**歩兵**の基本動作であり、演習場で汗びっしょりになって教え込まれた。

日本軍の匍匐前進の動作は、地に伏し頭を下げて右手に小銃を持ち右手の肘と右足の蹴りで前進したが、自衛隊の**ほ伏**前進には第一から第三までの姿勢がある。

第一姿勢は日本軍とほぼ同じ、第二姿勢はそれをさらに低くしたものだが、第三姿勢は頭の前に小銃を横に抱いて両肘両足で前進する別な形となっている。日本軍が敵前の匍匐前進からすぐ白兵突撃に移ることを重視したのに対して、そのまま伏せ射ちができる姿勢となっている。

昔の歩兵が激しい行軍につづいて、各個跳躍から匍匐前進で敵に近づいたのにくらべれば、戦場まではトラックで移動して装甲車に乗り替え、戦車・戦闘車に守られながら装甲車のガンポート（銃眼）から射撃ができる自衛隊では、しだいにほ伏前進の余地がなくなってくる。（陸）

幼年学校【ようねんがっこう】　陸軍幼年学校は妙な学校である。

海軍士官になるには、旧制の中学校から海軍兵学校や機関学校に入り、四年制の本科一本で卒業するが、陸軍士官になるには、旧制中学から**予科士官学校**に入り、さらに進んで（本科）**士官学校**を卒業して一人前となる。

予科士官学校は、国立大学に入るための旧制高等学校や私立大学の予科にあたり、本科に入るための基礎学力を養う所だが、幼年学校はこの予科士官学校に入るための学校である。

つまり予科の予科となるが、士官コースに一直線に進む最短距離でもある。試験内容は、中学二年二学期修了程度の学力を有する者が有資格で、学歴はいっさい関係なく、学力さえあれば小学校卒の独学者でも受験できる。

かなりの競争率でこの難関を突破すれば、予科士・陸士はいずれも無試験でパスだから、陸幼に入れば陸軍将校になることが保証される。

陸幼出身者で予科士・陸士のコースをたどり、さらに**陸軍大学**に進めば、陸軍部門では最優秀のエリートコースで、将軍の椅子もまちがいなしであった。

わずか一四、五歳のローティーン・エイジだから、一人前の軍人教育ができるはずもなく、学科は中学と同じ基礎学問、術科も初歩の軍事教練の程度で三年間を過ごす。どういうわけか、他の陸士・海兵といった軍学校が授業料免除で小遣いも出たのに、幼年学校は月二〇円の食費をとっていたが、大正一一年以後は終戦まで他と同じように無料となった。

平時には、入学金・授業料・教科書代が無料のために、多くの優秀な貧乏家庭の少年たちが大学をあきらめて軍学校に入ったが、有料の幼年学校は貧乏な家の子供には高嶺の花であった。

一四、五歳では将来の方針を決められないから、軍人の子弟が世襲的に親に命じられるままに入学するものも多く、戦死した将校の遺児は優先的かつ学費も免除であったから、母親にいわれて気のすすまぬまま入学する少年もいた。

軍人にならぬ者もあり、思想家・大杉栄は中退、岸田国士、新庄嘉章は、作家・学者に、『敵中横断三百里』を書いて文名を馳せた山中峯太郎は少尉で辞め作家となった。

アメリカには私立の幼年学校の類が多いが、こちらは純然たる予備校である。(陸)

(↓陸士4・海兵4)

予科練【よかれん】　〽若い血潮の予科練の七つ釦(ボタン)は桜に錨(いかり)……の歌で知られたヨカレンは、**海軍飛行予科練習生**の略である。同じ養成機関に入っても海**軍大学校**に入れば学生、**兵学校**や**機関学校**などの士官養成学校に入れば**生徒**から**士官候補生**、学校でなく練習飛行隊などに入れば**練習生**と名が変わる。予科練はこの飛行練習生の初等教育コースの予科であるが、半人前とはいえ軍人であり階級もある。

飛行機に熟練するには長い年月がかかるので、まだ頭も体も柔軟な少年を青田刈りして採用し、茨城県土浦の練習航空隊で二年半、海軍魂と学科・技術をみっちりと鍛える。そのあと本科の飛行術（偵察術・整備術）の本科練習生となり、さらに実施部隊に配属され一人前の「飛行機乗り」となる。

予科練を卒業すれば**三等飛行兵曹**という下士官となるが、二〇歳で徴兵されて下士官になるまではたいへんであるのに、高等小学校出の学歴で十代で下士官になれるのは、進学が許されなかった農漁村の二、三男にとっては憧れの出世コースであった。

海軍がこの少年兵制度を飛行科に採り入れたのが昭和五（一九三〇）年であり、陸軍があわてて同じような制度の**少年飛行兵**を設けたのが昭和七（一九三二）年だから一足先んじていた。

最初は高等小学校卒でよかったが、しだいに航空機も複雑となり要員も必要となってきたので、学歴を引き上げて旧制中学四年生一学期修了の学力を有する者とした。教育年限でいえば高小卒は八年、中学四年では一〇年である。

前からあった練習生と区別するために、これを「甲種飛行予科練習生」と名づけ、先発でありながら高小出を「乙種」、今の定時制にあたる**青年学校**卒業者を「特乙種」、一般の水兵から選抜して航空科に転科させたものを「丙種予科練」とした。

そのすべてが予科練でその総数は四万名、いずれも海軍航空隊の中核的存在となり、開戦の真珠湾攻撃から終戦の神風特攻まで全期間にわたって力戦し二万名が戦死した。

このなかで数のうえで圧倒的に多いのは昭和一二（一九三七）年から始まった甲種予科練で、一八年に採用された一三期の人数は、前の年の約一〇倍の二八〇〇〇名にもふくれあがった。

陸軍との若者争奪戦に血道をあげた海軍には知恵者がいたと見え、土浦での猛訓練を描いたドキュメンタリー映画『若鷲の歌』をつくって全国の中学校を巡回上映する。また東宝映画の『決戦の大空』のテーマソングで、予科練の歌をヒットさせ、さらに海軍兵学校の制服そっくりの七つボタンの短いジャケットを作って少年たちの人気を集めて陸軍側を口惜しがらせた。

戦争が激しくなると、人材はますます不足し募集も半強制的になってくる。

ある中学校の記録によると、役場からの割り当て五二、志願者三四、身体検査合格三三、学術試験合格三三、結局身体で落ちた一人を除いて全員合格。この合格率九三・七パーセントは、いまの大学進学率では考えられないものであった。

社会常識があるというか純真さがなかったというか、都会の名門中学校などの反応はひややかで、募集ポスターなども張られず、秀才たちは少年飛行兵や予科練などには目もくれず、末は大臣になる旧制高等学校や大将へのコースの陸士・海兵受験にまっしぐらに突進していた。

なかには勉強は苦手だが腕っぷしだけはめっぽうに強い番長タイプの生徒が一、二名予科練に入ったが、〝ヨタレン〟とか〝ドカレン〟とか陰口をたたかれていた。

しかし、そんな陰口をよそにぞくぞくと練習航空隊を巣立っていった予科練生たちは、大空で奮闘しやがて乗る飛行機がなくなると、人間魚雷の「回天」、人間爆弾の「桜花」、体当たりボートの「震洋」や体当たりグライダーの搭乗要員になり、笑って特攻隊員として死んでいった。

よく鍛えられよく戦った予科練出身者たちは、戦後一部の者が闇屋や暴力団に入って〝予科練くずれ〟などと呼ばれたが、大部分は希望を捨てずバイタリティに満ちた予科練魂を発揮して働き、エリート意識が邪魔をしたり公職追放の憂き目にあった陸士・海兵出身者よりも成功者を輩出している。

いまでも彼らが予科練を語る声音は、それは誇りに満ちたものである。（海）（→回天下5）

陸士・海兵【りくし・かいへい】　陸軍の士官学校と海軍の兵学校とを略して対語としたもの。軍学校には、ほかにも陸軍の予科士官学校・幼年学校・経理学校・軍医学校などがあり、海軍に機関学校・経理学校などがあった。それぞれ陸幼・陸経・海機・海経などと略されるが、予科士官学校は陸軍にしかないので予科士のみであった。

明治のはじめ、政府が陸海の軍学校を設けたときの呼び名は、いずれも「兵学校」であった。兵法・兵学を教える学校という単純な命名だが、陸軍学校は「兵学所」「兵学寮」と次々と名を変えて、明治七（一八七四）年に士官を養成するという趣旨にそって陸軍士官学校として完成した。

一方、海軍も最初は「操練所」、ついで陸軍と同じ「兵学寮」となったが、明治九（一八七六）年に海軍兵学校となった。この名づけ親は幕府海軍生みの親であり、維新戦争で江戸の無血開城を守った勝海舟である。

勝は維新後は官を辞して隠遁していたが、初代の兵学校長となって学校の表札に筆をとり、それは八〇年にわたって校門に掲げられ、今も歴史的記念品として保存されている。

同じ士官養成学校でありながら、士官学校と兵学校に名称が分かれたのも勝の意志がはたらいたのかもしれない。ちなみに政府が京都に陸軍兵学所をつくるより前に長崎の海軍操練所は誕生しており、兵学校についてはこちらが先だ、という海軍のプライドがあったとも考えられる。

明治以来、立身出世を夢見るのは青年たちの特権であり、陸海軍の士官学校を出て大将にまで進めば、さらに政界に出て天皇の次に偉い内閣総理大臣にもなれたわけだから、陸士・

現在は海自幹部候補生学校となっている海軍兵学校

海兵に合格することは数少ない帝国大学（現東京大学など国立大学）への入学とともにエリートコースとして憧れの的であった。

それぞれ学校のある地名をとって「おれは本郷（一高・帝国大学）に行く。お前は？」「おれは市ヶ谷（陸士）か江田島（海兵）だ」といった会話が旧制中学生の間で交されていた。

いずれも競争の激しい難関であったが、海兵の採用人員は平時では少なかったから評価の点では、帝大・海兵・陸士の順であったかもしれない。

帝国大学は文部省の所管であり、陸士・海兵はそれぞれ陸軍省・海軍省の所轄で、戦前は各帝大は大学、陸士と海兵は旧制専門学校にランクされていたが、復員のあと、陸士・海兵出に一定の枠が与えられ、改めて帝国大学に入学し、日本再建の一翼を担っていった。

兵学校といえば兵士養成の学校のように聞こえるが、海軍兵（水兵）の訓練所としては別に「**海兵団**」が各鎮守府にあり、当時の人で海兵と海兵団を混同する者はだれもいない。

執筆者がこの辺を心得ていると、今でも、イギリスのダートマス、アメリカのアナポリスにある海軍士官養成学校（NAVAL ACADEMY）を、それぞれ「ダートマス海軍兵学校」「アナポリス海軍兵学校」と書いているが、若い執筆者だといずれも「ウエストポイント陸軍士官学校」「アナポリス海軍士官学校」となってしまう。

勝海舟も忘れられて、兵学校では読者のほうがとまどうからであろう。（共）

（↓武窓4・海兵団4・幼年学校4）

兵隊にとっては毎日の訓練が仕事だが、一人ずつの**各個教練**や小隊・分隊の小規模な訓練は、兵営内にある**営庭**（えいてい）と呼ばれる平坦な庭で行なわれている。

これが中隊・大隊と大きくなると狭いし、町中では騎兵の襲撃訓練や実弾射撃もできない。さらに実戦と同じような林や藪（やぶ）、起伏に富んだ地形、川や沼、対戦車壕や掩体壕も掘るとなると、兵営から離れたところにある広い軍用地に出かけて終日費す。

兵営から練兵場まで歩いて行くのは部隊の徒歩移動を表わす**行軍**であり、練兵場で実戦的シナリオに合わせて敵味方に分かれて模擬戦をするのが**演習**である。行軍は純然たる兵語なのだが、軍国主義の時代には小学生のハイキングまでそう呼ばれ、兵隊には苦しいのに小学生には楽しいという妙な取り合わせになった。

練兵場【れんぺいじょう】

陸軍最初の練兵場は、当時首都であった京都に明治元（一八六八）年にイギリス式に作られた「英国練兵場」で、維新戦争の最中だったから練兵どころではなかった。

幕府側も賀茂の河原に「河東（かとう）**操練場**」を設けてこれに対抗する。

それぞれの師団所在地には、かならず大きな練兵場が一つ二つあり、**野戦重砲連隊**や**要塞砲兵**のある富士の裾野や北海道のそれは、重砲の射程がいっぱいにとれる広大な実弾射撃場でもあった。

東京の第一師団を例にとると、次のような小史となる。

幕府時代は、一四万坪の広大な「越中島**調練場**」が深川越中島にあり、くしくもここは自衛隊の前身の警察予備隊の誕生の地ともなった。

明治になると、現在日本大学のある神田の「三崎町練兵場」、郊外の世田谷の「駒場野調練場」などの旧幕府施設がそのまま使われる。駒場野調練場の一部はそのまま「駒場練兵場」として残され、付近の**砲兵連隊**の訓練・演習に使われつづけた。

明治陸軍が自前で最初に作ったのが、現在の日比谷公園の「日比谷操練場」で、新設された歩兵・騎兵の連隊旗はここで天皇から親授されている。

都市が発達してくると都市の姿が変貌するのは今も昔も同じで、新都・東京の拡張につれて都心の空間地は取り上げられ西の郊外へと移されていった。

明治二一（一八八八）年には練兵場は青山に移り、日清・日露戦争には東京兵団はここの引き込み線から汽車に乗って品川埠頭に出かけた。

陸軍が膨張すると明治四二（一九〇九）年さらに西の渋谷町に「代々木練兵場」が作られ、明治天皇が亡くなって明治神宮が生まれると、「青山練兵場」は明治神宮外苑となって体育館や野球場に生まれ代わる。いずれも紀州徳川家の下屋敷跡であった。

代々木の練兵場はわずか四〇年でその幕を閉じたが、戦前・戦中から戦後にかけて豊富なメモリーを刻んでいる。

明治四三（一九一〇）年にはここから日本最初の軍用機アンリ・ファルマンが徳川大尉の手で飛び立ち、毎年一月八日の**陸軍始め**か三月一〇日の**陸軍記念日**には天皇を迎えて**観兵式**

が行なわれた。

終戦とともに、フィリピンからやってきたアメリカ進駐軍第一騎兵師団が、アッという間にしゃれた兵舎群を建て、「ワシントンハイツ」となる。

やがて進駐軍が去り、昭和三九（一九六四）年、日本最初のオリンピックが東京で開かれると、この兵舎群は参加の選手村に早変わりして、屋内競技場やプール兼スケートリンクが次々と建てられた。

旧練兵場の北半分は広大な代々木公園となり、NHKもその一角に移ってきた。オリンピックが終わったあとの選手村は「国立オリンピック記念青少年総合センター」となって、全国から集まる若者の研修の場となり、ときには中国残留孤児の宿舎ともなった。現在これらの歴史を残すものは公園の中にポツンと置かれている。見逃しそうな「陸軍航空発祥の地」の小さな碑だけである。

操練場・調練場・練兵場と名を変えたあと、兵の字の使えない自衛隊では演習場となった。都内では地価高騰のあおりを受けて、駐屯地も演習場もいづらくなり、演習場は埼玉県朝霞、千葉県習志野、静岡県御殿場とさらに遠くなっていく。（共）

（→観兵式1）

『完本　日本軍隊用語集』平成二十三年六月　学研パブリッシング刊を改題、上下二分冊に再編集した

NF文庫

日本軍隊用語集〈上〉

二〇二〇年五月二十四日　第一刷発行

著者　寺田近雄

発行者　皆川豪志

発行所　株式会社　潮書房光人新社

〒100-8077　東京都千代田区大手町一-七-二

電話／〇三-六二八一-九八九一(代)

印刷・製本　凸版印刷株式会社

定価はカバーに表示してあります

乱丁・落丁のものはお取りかえ致します。本文は中性紙を使用

ISBN978-4-7698-3166-2　C0195

日本音楽著作権協会(出)許諾第2003509-001号

http://www.kojinsha.co.jp

NF文庫

刊行のことば

第二次世界大戦の戦火が熄んで五〇年――その間、小社は夥しい数の戦争の記録を渉猟し、発掘し、常に公正なる立場を貫いて書誌とし、大方の絶讃を博して今日に及ぶが、その源は、散華された世代への熱き思い入れであり、同時に、その記録を誌して平和の礎とし、後世に伝えんとするにある。

小社の出版物は、戦記、伝記、文学、エッセイ、写真集、その他、すでに一、〇〇〇点を越え、加えて戦後五〇年になんなんとするを契機として、「光人社NF(ノンフィクション)文庫」を創刊して、読者諸賢の熱烈要望におこたえする次第である。人生のバイブルとして、心弱きときの活性の糧として、散華の世代からの感動の肉声に、あなたもぜひ、耳を傾けて下さい。